你怎么才能想得通

拆掉思维的墙，和不开心的自己聊聊

何钰地◎编著

国家一级出版社 中国纺织出版社 全国百佳图书出版单位

内 容 提 要

现代社会，生活节奏越来越快，工作压力越来越大，每个人都是在艰难生存，人们的心理问题也频频出现。而唯有提高自身心理调节的能力，保持健康的心理，我们才能坦然接受生活的一切挑战。

本书以心理学知识为基础，分析人们在各种不如意的生活情境中产生的悲观消极心理，并为读者朋友们提供了在面对诸多压力时的应对良方，帮助读者朋友们顺利度过心理危机，以一种更为平和的心态处世，迎来灿烂人生。

图书在版编目（CIP）数据

你怎么才能想得通：拆掉思维的墙，和不开心的自己聊／何钰地编著．—北京：中国纺织出版社，2017. 12
ISBN 978-7-5180-4254-8

Ⅰ.①你… Ⅱ.①何… Ⅲ.①成功心理—通俗读物
Ⅳ.①B848.4-49

中国版本图书馆CIP数据核字（2017）第265107号

策划编辑：闫 星 特约编辑：李 杨 责任印制：储志伟

中国纺织出版社出版发行
地址：北京市朝阳区百子湾东里A407号楼 邮政编码：100124
销售电话：010－67004422 传真：010－87155801
http：//www.c-textilep.com
E-mail：faxing@c-textilep.com
中国纺织出版社天猫旗舰店
官方微博http：//weibo.com/2119887771
三河市宏盛印务有限公司印刷 各地新华书店经销
2017年12月第1版第1次印刷
开本：710×1000 1/16 印张：14.5
字数：191千字 定价：36.80元

前言

PREFACE

有人说，人生是一场没有归途的旅行，重在欣赏沿途美景；有人说人生是一次攀登，要想到达顶峰就要吃尽苦头，才能一览众山小；有人说人生像在大海上航行，总是时而风平浪静时而惊涛骇浪，只有强者才能驾驭人生之舟驶向彼岸。我们说，人生就像是一场牌局，当我们满心期待抓到一手好牌时，却常常得到的是一副让人啼笑皆非的烂牌。也许牌局可以重新开始，但是人生的牌局却绝不再有洗牌的机会。为了捋顺人生这场牌，我们必须费尽心思，绞尽脑汁，不但要找到属于自己的压轴王牌，也要不断地剔除那些影响牌局的坏牌，如此双管齐下，才能在人生中收获自己想要的一切。

牌局的本质就是扑朔迷离，就像麻将牌，还有着很大的未知性。从我们把第一张麻将牌拿到手里的那一刻起，就注定了我们根本不知道自己将要面对怎样的局势，更不知道自己何时才会再次抓取一张怎样的麻将牌。这也是人们对于麻将牌乐此不疲的原因，因为麻将牌千变万化，恰如人生的变幻无穷。有时候你明明先是抓到了好牌，以为自己十拿九稳一定能赢，最终却因为厄运接连而至导致输了牌局；有时候你明明抓到的是让自己灰心丧气的烂牌，但却随着不断出清烂牌好牌接踵而至，你反而扭转局势，最终赢了个大满贯。这就是人生的反复无常。

每个人都没有手眼通天的能力，因而谁也无法保证自己抓到的都是好牌。当抓到坏牌怎么办呢？如果不战而降，早早地就放弃了，那就注定了结局必然是惨败。真正的强者不会轻易放弃，相反他们会抓住每一个微小的机会，改变自己的命运。因为在牌桌上，不到最后关头，谁也不敢保证自己的输赢。当然，人生也并不总是拼搏和奋斗。人是感情的动物，常常会受到感情的困扰；又因为情绪的波动，导致自己的心情也起起伏伏，无法安定下来。在这种情况下，我们要想拥有平静的心情面对人生，必须要调整好自己的心态。不管是孤独寂寞，还是幸福安稳，只有将其牢牢抓在手里，才是属于我们的人生。

很多时候，人们因为一念之差总和自己过不去。其实，人生之中根本没有那么多睚眦必报、锱铢必较的事情。只要我们能够退一步，人生也会随之变得开阔起来。尤其是在得失之间，很多人因为失去而郁郁寡欢，导致连片刻的幸福安乐也失去了。豁达的人从不会因为曾经的失去而闷闷不乐，也不会因为尚未到来的明天而烦恼。他们只会抓住当下的每一天，因为只要今天过得充实而又美好，他们就会拥有值得回味的昨天，也会拥有更加美好的明天。

朋友们，人生如白驹过隙，在任何情况下，都不要盲目地悲观与乐观。我们只有淡定从容，以平和的心态过好人生的每一天，才能拥有幸福、丰盈的人生！

何钰地

2017年3月

目 录

CONTENTS

上篇 拆掉思维的墙

下篇　和不开心的自己聊

上篇

拆掉思维的墙

第01章　成功者的人生不但有好牌，且能打好牌

人生就像一场牌局，当你无比渴望自己能够抓到好牌的时候，偏偏总是满怀失望。相反，当你放弃希望的时候，却又出乎预料地得到好牌。不得不说，人生从某种意义上说和牌局一样让人欢喜让人忧愁，让人惊喜也让人惊吓。正因为如此地变幻莫测，所以人生才如同牌局一样充满刺激和新鲜感，让人们对其欲罢不能。遗憾的是，有些人在这样不尽如人意的牌局前，常常感到悲哀绝望，甚至彻底放弃希望，这难免让人心生遗憾。所谓笑到最后的人才是最强大的，我们必须坚持不懈地面对人生的牌局，不管抓到的好牌还是坏牌，都要一如既往，勇往直前。我们必须时刻记住，有坏牌未必一定会失败，有好牌也尚需努力打好牌，才能真正获得成功。

危机到来，你的“王牌”在哪里

在牌桌上，如果一个人想要获得成功，拥有一副好牌是远远不够的，还必须具备精湛的牌技，能够将这手好牌发挥得淋漓尽致，并且运用这手好牌打败对手。一张牌原本是没有生命力的，正因为人赋予它活力，它才具备了勃勃生机，且能够过五关斩六将。当然，并非每个人的牌技都很好，也不乏有些人虽然拿到的牌并不那么十全十美，更不能尽如人意，但是因为用心巧妙，最终反而在牌桌上风生水起，把那些拿着好牌的人打得落花流水。这就是打牌人的魅力！人生也是如此。有些人从一出生就顺风顺水，诸如那些富二代、官二代等，但却因为温饱思淫欲，导致不思进取，最终落得悲惨的下场。有些人呢，虽然出生在贫寒的家庭，但是却始终不放弃自己的人生，总是坚持不懈地努力奋进，最终反而获得了更多的机遇，让自己的人生出现巨大转机。

不管是学习还是生活，抑或是工作、恋爱等人生大事，我们都必须非常努力，即便遭遇暂时的失意，也能够以平常心对待，这样才能更加坚定不移地走

出属于自己的人生之路。古人云，人生不如意十之八九，这句话是非常有道理的。大多数普通人的人生，总是充满了坎坷和挫折，很难一帆风顺。只有真正的强者，才能在危机到来时力挽狂澜，决不放弃。很多经验丰富的牌手，都知道手中一定要留下王牌，等到万不得已的时候用，人生其实也是如此。我们必须留好王牌，才能在危急关头拿出来，扭转牌局，从而帮助自己更好地转败为胜。生活中，我们常常无比羡慕地看着他人触底反弹，其实这都是有条件和基础的。只有做好准备，且手中握有王牌的人，才更容易扭转局势，触底反弹，否则不进行任何努力，一味地等着好运降临是不可能的。

在金融危机席卷全球的时候，温州著名鞋厂的商人李杜也受到了影响，商品销量迅速下降，而且企业资金回笼和流通都非常困难。在这样的危急关头，他及时调整策略，不仅号召全厂职工开源节流，而且身先士卒，主动以身示范，把每天开着的奔驰停在厂里，非重要场合或者事情不开，上下班只骑电动车。为了节省开支，即使出差，他也选择坐经济舱，而不再坐昂贵的头等舱。看到李杜作为老总都这么有魄力，下面的员工们当然也都争相效仿，生怕落后。面对订单减少的情况，李杜还决定开辟新的销路。原本，他们生产的鞋子除了小部分以批发的形式销往国内之外，大部分都是外销的。既然出口的情况不好，李杜也不再觉得苍蝇不是肉了，而是马上调集了几个人，专门拓展网上的销路。他们还与淘宝合作，开了旗舰店，随着时间的推移，网上的销量居然大幅度提升。也因为鞋子质量好，还迎来了很多回头客。尽管这些零售的利润并非很高，但是聚沙成塔，积少成多，这微薄的利润给李杜减轻了经济压力，也使他在网络销售方面的思路和模式越来越成熟。等到金融危机结束之时，李杜在网络上的销量已经占到了总销量的35%，而且由于网络销售成本低，资金回笼快，利润居然达到了所有利润的50%。

从李杜的经验上我们不难看出，任何行业都不会永远一帆风顺。我们必须居安思危，这样才能在危机到来的时候及时做出应对。如果李杜没有及时转向网络销售，也许就会和大多数同行一样，只能苟延残喘，或者选择转行，另谋出路。实际上，在金融危机浪潮的袭击中，和李杜一样遭遇寒潮的人并不在少数。遗憾的是，他们之中只有极少数人成功渡过了金融浪潮的袭击，而大多数人都被浪潮席卷溃散，让人不胜感慨唏嘘。

在《狼来了》的故事中，孩子几次三番地喊“狼来了”，也许我们一次两次都不以为然，但是等到我们真的发现狼来了时，却又不知所措，难道只能束手就擒吗？任何人、任何企业在发展的过程中，都会遇到各种各样的困难。只有努力探索，勇于创新，再加上不懈努力，我们才能从困境中走出来，做到真正积极主动地面对人生，超越困难，突破自我，创造价值。拿到一手好牌都未必能够得到好的结果，更何况是遭遇危机呢？我们更是应该打起百倍的精神，集中全部的心力，才能全力以赴，赢得最好的结局。

与其羡慕他人，不如珍爱自己

人们普遍有一个毛病，那就是这山望着那山高。尤其是对于自己已经拥有的东西，大多都不会特别珍惜，而对于自己没有的或者不具备的优点，则总是羡慕他人。难道他人所拥有的就一定是好的吗？作为男人，你羡慕别人的老婆比自己老婆漂亮，却不知道别人的老婆从来都是十指不沾阳春水，而不像你家的黄脸婆一样对你百般呵护和爱护。作为女人，你羡慕闺蜜的丈夫是个不折不扣的大富豪，却不晓得闺蜜经常一个人深夜独守空房，忍受丈夫的朝三暮四和拈花惹草。总而言之，上帝总是公平的。一个人不可能拥有全部，因为人不是神，不可能十全十美，也不可能随时随地满足自身的任何欲望。

如果一个人总是羡慕他人，就难免会感到自轻自贱。实际上，无论我们多么羡慕他人，都不可能改变自己的命运，只有珍爱自己，从自身的优点和缺点出发，扬长避短，才能更好地发挥自身的优势，成就与众不同的自己。职场上，也不乏有人常常羡慕他人的职位比自己高，薪水比自己多。所谓只看到贼吃肉，没看到贼挨打，在很多情况下，我们总觉得别人的生活无限好，似乎别人眼中的月亮也比我们眼中的圆。殊不知，别人说不定也在羡慕我们呢！如果我们因为羡慕别人而变得沮丧，甚至影响自己的生活，可就太得不偿失了。与其把大好的时间浪费在羡慕他人上，不如把这些时间用来提升自己，完善自己，让自己更满意。

有一只鸟儿一直被人圈养在笼子里，饿了有饭吃，渴了有水喝，风吹不着，雨也淋不着，每天都快快乐乐的。还有一只鸟儿生活在大自然里，虽然每天都要依靠自己辛苦地捕捉食物，叼来树枝筑巢，但是自由自在。有一次，这只自由的鸟儿看到笼子里的鸟儿，问："你在笼子里生活得幸福吗？"笼子里的鸟儿摇摇头，满面悲伤地说："当然不幸福。鸟儿就应该在天空中翱翔，像你一样。""但是，我很辛苦的，我每天都要四处找吃的，常常忍饥挨饿，还会遭遇风吹雨打，有一次我差点儿被闪电劈死呢！"自由的鸟儿说。笼子里的鸟儿依然很羡慕地说："我宁愿被雷电劈死，也不愿意一辈子都待在这个笼子里。我想要自由，哪怕付出生命的代价。"就这样，这两只鸟儿很快成了好朋友，自由的鸟儿给笼子里的鸟儿讲述外面的精彩世界，笼子里的鸟儿也因此变得更加憧憬外面的世界。

一个偶然的机会，主人在喂完鸟儿之后忘记关好笼子的门了，笼子里的鸟儿见状赶紧飞出来，自由的鸟儿说："你难道真的要放弃这个安乐窝吗？"笼子里的鸟儿毫不犹豫地点点头，说："我一定要像你一样，感受自由。"自由的鸟儿说："那我就进到笼子里了，你可别怪我占了你的窝啊！"笼子里的鸟儿已经飞得很远了，根本没听到自由的鸟儿说的这句话。没过几天，这两只鸟儿都死了。笼子里的鸟儿虽然得到了自由，但是根本没有生存的能力，在一个风雨交加的夜晚，饥肠辘辘地饿死了。自由的鸟儿进入笼子里之后，虽然吃喝不愁，也不会遭受风雨，但是却失去了自由，再也无法在天空中自由地飞翔，很快也郁郁寡欢地失去了生命。

从这个小故事中我们不难看出，虽然我们非常羡慕他人的生活，但是自己却未必适合拥有他人的生活。每个人的人生都是不可复制的，唯有选择适合自己的人生，才能活出属于自己的精彩。就像穿鞋子一样，水晶鞋虽然漂亮，但是后妈的女儿即便削掉了一半的脚后跟，也穿不进去。而灰姑娘呢，尽管蓬头垢面，但是水晶鞋却是为她量身定制的，她轻而易举地就穿上了。这就是命运的安排。

在很多情况下，人们总是习惯性地对自己所拥有的不知道珍惜，对自己掌握的幸福熟视无睹，却一味地盯着他人的生活，总觉得他们的缺点看起来也那么可爱。这样的心态无疑会严重影响自己的生活，也许恰恰别人的幸福对你而言却是坟墓呢！只有想清楚这一点，我们才能更加从容地拥抱自己的生活，享受自己的生活，创造自己的生活！

世界如此之大，每个人都有属于自己的生活方式，我们唯有更加尊重自我、珍爱自我，才能不断发掘自身的潜力，完善自我、提升自我，直到满足自我。与其花费大量的时间羡慕他人，但却对自己的生活于事无补，反而还会扰乱自己的心绪，不如从现在开始全心全意地欣赏自己，取长补短，这样才能不断进步，不断充实，从而活出属于自己的精彩人生来！

只有你能救自己，你就是“王牌”

在这个世界上，除了得天独厚的少数人之外，大多数是不会从出生开始就握着一副好牌的。假如不幸得到了一副看起来糟糕无比的牌，我们又该如何是好呢？直接放弃显然不是明智的选择，因为没有人能够保证你的下一副牌就一定好。最好的办法是勇敢面对，绞尽脑汁地从这些牌中找出一两张还算拿得出手的，用其作为王牌，这样你最终的牌局也许并不如想象中那么差，甚至还有可能给你带来惊喜。从打牌的这个规律来看，显然只有我们自己才是自己的“王牌”。在自己牌技很烂又全无信心的情况下，即使抓到一手好牌，也完全是徒劳无功的。相反，在手里的牌不那么好的情况下，只要坚定信心和信念，不放弃希望，也许就会扭转败局，最终给所有人都带来一个惊喜。

对于每个人而言，所谓的“王牌”其实就是我们的潜能。所谓潜能，就是人被逼入绝境或者感受到巨大动力的情况下，突然爆发出来的能力。在通常情况下，这种爆发力不但让他人惊讶，也会使我们对自己刮目相看。甚至有些人在绝境中的潜能是一闪而过的，等到事情好转，这种潜能就会消失不见。诸如曾经有个年迈的老人因为山洪暴发，进入山洞躲雨。然后，一块随着泥石流滚下来的巨石堵住了洞口，情急之下，老人居然徒手推动了石头，挽救了自己的生命。等到危机解除，再让老人去推动石头根本不可能。这就是潜能的极大爆发力。每个人都有潜能，我们也不例外。在遇到危急情况时，千万不要轻易放弃，因为只有坚持不懈，怀着必须战胜困难的强烈信念，我们才能爆发出冲击力，突破自身的极限。

十几年前，有位叫马克的美国人在战争中被流弹击中背部，导致无法行走，被医生宣判为瘫痪。从那以后，他再也没有行走过一步，必须依靠轮椅才能挪动自己的身体。时间长了，原本积极乐观的马克变得越来越悲观绝望，他开始酗酒，想要依靠酒精麻痹自己的神经。有一天晚上，马克像往常一样坐着轮椅去超市，却在回家的路上遇到了几个匪徒。匪徒看到他行动不便，因而开始肆无忌惮地翻找他的钱包，马克不顾一切地呐喊，用健壮的手臂与匪徒搏斗。匪徒徒劳无功，被激怒了，居然拿出打火机点燃了马克的轮椅。此时此刻情况非常危急，如果马克不能离开轮椅，就有可能被烧伤或者烧死。面对死亡的恐惧，使得马克忘记了一切，奋不顾身地站了起来，挣扎着往前跑去。虽然他很久未用的双腿肌肉有些萎缩和僵硬，但是他却挣扎着跑了一条街，才摆脱危险。这件事情过去之后，马克神奇地恢复了行走的能力。他回忆起当时的情形，也觉得难以置信：“如果我不马上逃走，一定必死无疑。当时我只有一个念头，就是我必须活着，我必须逃跑。直到停下惊慌的脚步，我才发现自己原来可以走路。这太神奇了，不是吗！”

很久以前，有位农夫承包了一大片土地，拥有一个很大的农场。每当节假日，他的儿子杰克就会和他一起在农场里干活。虽然杰克才刚刚14岁，不到法律允许的持有驾照的年龄，但是显而易见，杰克非常喜欢开车，尤其喜欢开着农场里的车子在广袤无垠的土地上行驶。为此，农夫准许杰克开车在农场里行驶，但是严格规定他不许私自上路。

一天，杰克正与往常一样开着车子在农场的土地上穿行，突然一个不小心，掉进了农场里的河沟中，整个车子都翻了。农夫觉得心都揪起来了，赶紧不顾一切地奔到河沟旁。他看到儿子整个身体都压在车底下，只有头和脖颈留在外面。当时，这位中等身材的农夫不知道哪里来得力气，居然跳进河沟里，一鼓作气地把车子掀了起来，这样农场赶来营救的那个工人才能把昏迷了的杰克从车子地下拖出来。后来，农夫把杰克送到医生那里检查，结果医生说杰克只是受到轻微擦伤，完全没有大碍。当然，如果杰克被压在车子下面的时间过长，结果也许就会完全不同了。

在第一个事例中，面对生命的威胁，坐在轮椅上十几年的马克居然成功地站起来，并且努力地奔跑，从而摆脱了匪徒对他生命的威胁。不得不说，这是生命的奇迹。在第二个事例中，父爱创造了奇迹。面对压在车底已经昏迷的杰克，农夫居然一下子把车子掀了起来，要知道那可是一辆车子啊，几个人都未必能抬起来的。但是面对危在旦夕的儿子，农夫突然爆发出让自己都难以置信的力量，居然凭借一己之力就把车子掀起来了，这样他的儿子才能及时得救，避免了对身体的严重伤害。可以想象，等到农夫度过危机再次准备去掀起车子时，车子根本纹丝不动。这到底是为什么呢？科学家说，身体在遇到危急情况时会分泌出大量激素，从而使身体爆发出超出合理范围的巨大能量。也许，这是唯一的解释。由此不难看出，人的潜能是非常巨大的，当被迫必入绝境，这股巨大的潜能就会突然爆发出来，给人以洪荒之力，让石破天惊。

对于任何人而言，真正的“王牌”都是自己。不管遭遇什么坎坷和挫折，我们都必须坚定不移地相信自己，才能更好地面对生活的重重挑战，最终顺利迎接生命的未来。在很多情况下，“王牌”决定着我们的命运，而“王牌”也恰巧掌握在自己的手里，从这个角度来说，命运也就掌握在自己的手里。

“王牌”一旦泛滥就失去效力

在通常情况下，精通打牌的人都知道一个技巧，即会在手里保留一两张王牌，不到万不得已的时候是不会轻易打出来的。唯有如此，在关键时刻才能有非同寻常的表现，也给予自己扭输为赢的机会。不过，要想准确把握王牌，我们首先应该做到的是能够准确判断哪张牌是王牌，这样才能恰到好处地保留和打出王牌，使其在关键时刻发挥重要作用。否则，如果一个牌手连自己哪张牌可以当王牌使用都不确定，就更别说能够发挥王牌的最大力量了。

任何人，都必须对自己有准确的定位和清醒的认知，才能找出自己的王牌，创造成功的人生。毋庸置疑，每个人都是有优点也是有缺点的，唯有扬长避短，既不以优点去骄傲，也不因缺点而自卑，做到真正的不卑不亢、冷静清醒，才能找准自己的位置。所谓金无足赤，人无完人，每个人在成长的过程中，都在不断地完善自我。唯有更加准确地认知自我，我们才能励精图治，不断进取。

人们常说，最陌生的人其实是自己。这句话不无道理。人每天都会面对镜子中的自己，却发现镜子里的脸会显得陌生。很多人都自以为了解自己，殊不知，人看似对自己很熟悉，实际却是“不识庐山真面目，只缘身在此山中”。一个人要想获得成功，首先应该认清楚自己。所谓尺有所短，寸有所长，我们唯有尽早认识自己，才能更快发展自己，促使自己成熟和成长起来。在任何情况下，都不要因为自己握有多张王牌而感到骄傲或者庆幸，因为王牌一旦变多，就会泛滥，变得失去效力。只保留一两张王牌，你才能更加凸显王牌的重要作用，也才能让王牌发挥最大的作用和效力。

张强是一名大四学生，最近正在找工作。这不，他今天就在参加面试呢！

面试官：“你好，同学。你是大四学生吧，我想了解下你眼中的自己有哪些优点？”

张强凝神沉思，说：“我眼中的自己是非常优秀的。我五岁开始学习钢琴，六岁开始学习绘画，七岁开始学习声乐，如今我虽然是理工科毕业，拥有严谨的思维和理性的思考，但是我也具有艺术的浪漫主义情怀。我想，我是兼具感性思维和理性思维的。”

面试官：“那么，你觉得你对于这份销售工作有何可取之处呢？”

张强毫不谦虚地说：“这份销售工作实际上非常合适我。因为我是一个热情的人，这可以感染客户；我还是一个思维严谨的人，可以站在客户的角度进行理性分析和推论。我的绘画艺术，让我在室内设计方面也独具天赋，我可以在把写字楼销售给客户的同时，帮助他们进行装修设计，这岂不是很好吗？”

面试官摇摇头，说：“你的优点的确太多了，让我目不暇接，我想我们的单位庙小，可能容不下你这尊大神。”

从这个面试的事例中，我们很容易得出一个结论，即一个人如果自觉优点太多，则很难抓住重点，在面试过程中给面试官留下深刻的印象，反而会因为对自己缺乏清醒的认识，难免让面试官感到其骄傲自满的情绪，导致对其印象恶劣，最终使面试失败。

很多人都觉得特别了解自己，他们甚至自以为是一个拥有自知之明的人。在诉说自己的优点时，他们头头是道，侃侃而谈，以为自己所说的每一个优点都从未言过其实。在这种情况下，听者却有完全不同的感受，甚至对其留下恶劣的印象。真正明智的人，会从自身实际情况出发，根据自己在生活和工作中的具体表现，找到自己真正的王牌——自身最突出的优点，这才是真正无可指责的所长。其次，他们还会使用横向比较的方法，帮助自己进行清醒客观和理性的认知。很多人都苦于评价自己的时候没有统一的标准，其实运用横向比较法是一个很好的方法。假如我们还能以身边的朋友、同事等人为镜子，则可以对于自己在生活和工作中的表现有更加理性客观的认知。总而言之，我们必须找准自己的王牌，才能在危急时刻扭转局势，反败为胜，为自己的人生谋划出精彩的篇章。

美来自内心，丑女也有春天

古人云，身体发肤，受之父母。话虽如此，但是现实生活中依然有很多人对于自己的长相不甚满意。尤其是年轻的女孩们，似乎总觉得自己即使整容一百次也不为过，幸好大多数女孩都没有足够的金钱去挥霍，否则不知道又要有多少人千里迢迢地奔赴韩国整形美容呢！

这个世界上根本没有十全十美的人，每个人都是有缺点的，或者说是瑕疵。面对这样的不完美、不如意，我们理应坦然接受，毕竟身体发肤，受之父母，我们唯有更加尊重父母和珍爱自己，才能更加坦然地面对生活。试想，假如一个人连自己打娘胎里带来的长相和容貌都接受不了，又如何能够接受充满坎坷和挫折的生活本相呢！

曾经，电视剧《丑女无敌》在好几个电视台热播，这部电视剧告诉所有的丑女们，丑女也可以成功，丑女也能获得幸福。其实，它是在帮大家树立信心，告诉大家客观的存在并不能改变人们主观的努力带来的好成果，因而在任何情况下都不要因为身高、长相、容貌等放弃自己。作为美国著名的钢铁大王，诸多人心目中的成功人士，卡内基曾说，那些毕业于普通大学的年轻人满怀热情地投入工作，还有些年轻人在办公室里做着端茶倒水的琐碎工作，千万不要鄙视他们，因为他很有可能在某一天成为你的竞争对手。由此可见，作为全球巨富，卡内基都丝毫不敢轻视那些脚踏实地奋斗的年轻人。既然如此，我们还有什么理由看轻自己呢？每个人通往成功的道路都是不同的，但是成功的道理却是相同的。没有任何成功会是因为容貌、身材等外在条件，真正的成功必然要付出很多努力，成功是没有捷径的。其实，古人早在一千多年前，就曾深谙这个道理，“天将降大任于斯人也，必将苦其心志，劳其筋骨，饿其体肤，空乏其身，行拂乱其所为，所以动心忍性，曾益其所不能”。这句话深刻地为后人解释了一个道理，真正的强者都是能够搏击苦难的人，唯有战胜苦难才能战胜自己，才能磨炼心志，才能助人成就青云之志。

苦难是一份礼物，不够美丽的容颜也是，自古以来红颜多祸水，多少人因为红颜祸水而失去国业、家业甚至生命。当你不够美丽，也许你更能够潜下心来努力提升自己，完善自己，最终让自己成为真正内心强大的人。这一切，是顺遂的人生所不能给你的，也是较弱的心灵没有资格得到的。从现在开始，就让我们努力修炼自己的内心，让自己变得更加坚强和勇敢吧！

当得知林肯当选总统时，参议院的绝大部分议员都感到愤愤不平。要知道，他们之中的大多数都出身于名门贵族，在上流社会生活，而林肯呢，他的父亲只是个身份卑微的鞋匠，如今这个鞋匠的儿子却要统帅整个参议院。不得不说，这对于大多数议员都造成了巨大的心理落差。为此，当林肯准备在参议院发表就职演说时，有一个参议员下定决心要好好羞辱他一番。

当准备妥当的林肯走上演讲台，那个准备羞辱他的参议院满脸不屑地站起来，带着鄙夷的语气说："林肯先生，虽然你即将发表就职演说，但是我希望你不要忘记，你的父亲是个鞋匠。"这句话刚刚说完，在场的议员们全都哈哈大笑起来，虽然他们自己没有勇气公开羞辱林肯，但是显然对于这位傲慢议员的表现是持肯定和支持态度的。站在演讲台上的林肯毫不惊慌，面不改色地说："在今天这个值得纪念的日子里，很高兴你再次提起我的父亲。他的确是一名优秀的鞋匠，如今已经离开人世，但是我会牢记你的教诲，永远记住自己是一名鞋匠的儿子。当然我也很惭愧，因为我深信不疑，作为一名总统，我永远也不会像我的父亲作为鞋匠那么优秀和出类拔萃。"

听了林肯不卑不亢的话，在场的参议员们全都沉默下来。林肯继续从容不迫地对那个傲慢的参议员说："当然，我很清楚地记得我父亲以前也曾为你家做过鞋子。尽管我永远也不能像我的父亲那样成为伟大的鞋匠，但是因为从小耳濡目染，我想我还是有能力为你的鞋子继续提供服务的。如果你的鞋子有哪里不合适或者不够舒适的话，欢迎你随时来找我，我会帮你矫正。也包括在场所有的人，只要你们穿的是我父亲的鞋子，那么我全权负责提供售后服务。遗憾的说，我不会像父亲那么优秀，这一点请你们多多谅解，因为我父亲的手艺是无人能与之媲美的。"话音刚落，林肯就潸然泪下，在场的人们则爆发出雷鸣般的掌声，这是对林肯最大的认可和支持。

作为一名鞋匠的儿子，林肯登上了总统的宝座，但是他从未因此就忘记了自己伟大的父亲。对于自己父亲的认可，让林肯博得了所有人真心诚意的热烈掌声。一个人的出身，就像是一个人的容貌，是永远都无法改变的。在这种情况下，我们唯有坦然接受自己的一切，包括容貌、长相、出身、家境等，才能真正实现自尊、自重和自爱，也才能昂首挺胸地行走在人生之路上。

无疑，每个人都希望得到更多人的认可，这的确很难，但其实也很容易，只要我们首先客观认识自己，宽容接纳自己，努力改变自己，我们就能为自己感到骄傲。人生而不平等，有些人天生地位高贵，有些人则出生在贫困的家庭。但这些先天的条件都不能决定什么，最重要的是我们能够始终保持一颗昂扬向上的心，能够充满动力和活力，永远奋发向上，勇往直前。丑女也有春天，起点低的人只要全心全意地奔跑，也能得到最丰厚的回馈，这一点是毋庸置疑的。朋友们，从现在开始就更加努力吧，机会永远属于有准备的人，成功永远青睐肯努力的人！

烂牌也挡不住拼搏的勇气

一个人坐在牌桌上，却沮丧地发现自己抓到了一手烂牌。在这种情况下，应该怎么办呢？果断放弃，还是纠结不已？答案都不对。正确的做法是，拿起这副烂牌，好好整理，然后找到其中的王牌，从而精心设计，巧妙出牌，最终扭转局势，让自己至少输得不那么难看，运气好的话还可以大逆袭，来个扭转局势，扭输为赢。每一个赢得牌局的人，也许未必有一副好牌，但是一定有一颗想要赢牌的心。当你鼓起勇气拼搏，当你勇往直前不退缩，你就会知道，拼搏的勇气是能够创造人生的奇迹的。

现代社会，万事“拼”字当头。人生中每时每刻都充满着“拼”。孩子上幼儿园要“拼”，春节回家坐车要“拼”，出去旅游要“拼”，甚至结婚也要“拼”，才能在好日子定到酒楼。在这个人满为患，处处熙熙攘攘的时代，凡事离开“拼”字，似乎就不成气候了。那么，我们如何才能拼出属于自己的精彩呢？那就是抓得一副好牌要拼，努力打出好成绩，抓得一副烂牌更要拼，不到最后时刻决不认输，更不能为了一时的安逸选择放弃。对于个人而言，唯有拼搏才能创造辉煌。对于一个企业而言，唯有拼搏才能取得好的发展。对于这个社会而言，唯有拼搏，才能不断奋进。由此可见，“拼”充满着我们的人生，是我们人生的支柱，也是我们人生永恒的动力。从这个角度而言，即使抓到烂牌也不要气馁，只要拼搏，你总有机会改变命运。

曾经，有个年轻人无数次追寻成功，都因为遇到困难不能坚持而最终放弃。就这样，他一事无成，万分懊恼，因而只得找到苏格拉底，想要探求成功的秘诀。苏格拉底一言不发，而是把年轻人带到郊外的一条河流旁，虽然年轻人满腹狐疑，但是显然苏格拉底不想解释什么。在年轻人困惑的目光中，苏格拉底毫不犹豫地跳进冰凉的河水中，而且还招招手，示意年轻人也跳进河里。尽管疑惑不解，年轻人还是照做了。苏格拉底站在年轻人身边，猛地把年轻人的头摁到冰冷的河水里。年轻人突然间感到窒息，因而挣扎着把头抬出水面。不等他喘息一口，苏格拉底再次毫不迟疑地用力把他的头摁进水里，年轻人这次更加不顾一切地挣扎，毫不容易才把头露出水面喘息了一下，结果苏格拉底再次故伎重演，把年轻人摁到水里。显然，年轻人感受到自己的生命受到威胁，不遗余力地挣扎着，刚刚把头露出水面，就赶紧逃到岸边，不敢离苏格拉底太近。

苏格拉底看到年轻人逃离了河水，依然一语不发地离开河水，转身就走。显然，年轻人还不知道苏格拉底这是什么意思，因而赶紧瑟瑟发抖地追上前去问个究竟：“大师，恕我愚钝，我实在不知道您刚才是什么意思啊？”苏格拉底站住之后漠然问道：“刚才你的头被摁在水底时，你最想得到什么？”年轻人脱口而出：“当然是空气啊，人如果不喘息，很快就会窒息而死的。”苏格拉底平静地说：“假如你能够像渴望得到空气一样渴望得到成功，你就肯定能够成功。这就是成功最永恒的秘诀！”

苏格拉底的这句话已经流传了千百年，一直都在警醒着世人，对待生活必须怀着强烈的欲望和坚定不移的信念。唯有如此，才能支撑我们在各种充满艰难险阻的情况下，不抛弃不放弃自己，始终不遗余力地勇往直前。

毋庸置疑，生活中有很多人都有迫切的渴望，他们希望自己的明天能比今天好，希望自己苦心经营的事业能够更上一层楼，这是人之常情。然而，很多人不知道的是，只有拥有坚强必胜的信念，只有拥有挡不住的拼搏勇气，我们才能真正主宰命运，才能成为命运的主人，掌控自己的人生。在任何情况下，勇气的力量都是惊人的。我们唯有借助勇气的力量，才能接连战胜生命中接踵而至的艰难困苦，才能鼓舞自己始终保持昂扬的斗志，一路向前。面对磨难，如果你充满勇气，就能征服磨难，否则，你就会被磨难征服，斗志全无，人生自然也会变得黯淡无光。对于任何人而言，人生都只有一次宝贵的机会，是不可复制更是不可重来的。我们唯有做好自己，才能勇往直前。

第02章　起点落后没关系，终点超前就可以

很多人说，人生最重要的在于过程，而不是起点和终点。实际上，这句话隐含的意思在于，人生最重要的并非是起点的高低，而是努力奋斗的过程和最终赢在终点。生活中有很多人都因为自己的起点低，或者抱怨父母没有给他们创造良好的生活环境，或者埋怨父母没有为他们提供丰厚优越的经济基础，从而使他们可以去国外读书和镀金，还有些人甚至抱怨父母没有把他们生得高大威猛，长得英俊潇洒。实际上，这些对于人生奔赴成功的过程而言都不会起到最重要的作用。最根本在于，我们要忽视起点的高低，而努力发挥自身的能力，最终赢在终点。

人生没有“不可能”，勇敢前行创奇迹

很多人都喜欢看好莱坞大片，看得多了，难免会有一个发现，即那些主人公似乎都是无所不能的。他们不管面对多么危险的环境，甚至已经死到临头了，都不会轻易放弃。正因为这样的精神支撑着，他们才能锲而不舍地继续努力，最终改变命运，获得成功。或者即使没有得到梦寐以求的成功，他们也会勇往直前，不遗余力。归根结底，一旦放弃，所有事情都会宣告结束，唯有更好地面对未来，怀着必胜的信念和积极的勇气，我们才能创造奇迹。

人生，是没有不可能的。正如刘欢所唱的，心若在，梦就在。我们要说，希望在，梦想就在，梦想在，动力就在，改变就成为可能。在人生之中，即使面对一副烂得不能再烂的牌局，我们也依然要满怀希望，决不放弃，坚持不懈地努力。所谓只有想不到，没有做不到，只要你真正努力坚持去做，你就有可能实现自己的梦想，让自己成为人人羡慕的生活强者。

作为著名的成功学大师，卡耐基的名字在全世界内都尽人皆知。无数追

求成功的人用心研读卡耐基的著作，他们相信卡耐基说的话都是成功的金科玉律。很多人不知道的是，卡耐基年轻时也曾经非常迷惘，距离自己的梦想十分遥远。

年轻时，卡耐基一直梦想着成为一名作家。为了让自己距离梦想近些，他开始脚踏实地地研究遣词造句的能力。为此，他急需一本词典。面对卡耐基的梦想，很多人都嗤之以鼻，甚至有一位好朋友还告诉他："你的雄心壮志根本没有实现的可能，这一切都离你的生活太遥远了。"卡耐基并没有听从这位好朋友的劝说，而是辛辛苦苦地攒钱，为自己购置了一本最新版的词典。因为没有其他的书可以看，卡耐基就逼迫自己每天认真阅读词典，分阶段地记下词典里的所有生字和词语。每当遇到觉得重要的词语，卡耐基都会很用心地再三记忆。当看到"不可能"这个词语时，卡耐基居然做出了一个疯狂的举动——他把这个词语小心翼翼地从完整如新的词典上剪掉。从此之后，卡耐基的词典里再也没有"不可能"这个词语。

这个关于卡耐基的故事看起来很简单，但是却为我们揭示了一个深刻的道理。当然，我们需要做的未必是像卡耐基一样把"不可能"从自己的词典里彻底铲除，而是应该改变自己的观念，让自己变得更加自信、坚定，永远也不要认为人生中有不可能实现的事情。当你认为只要努力，一切奇迹皆有可能实现时，就意味着你越来越接近人生的成功，也真正成为了命运的主宰。

看到这里，朋友们是否也需要反思自己呢？你的词典里有多少不可能？你的人生中又有多少可能创造的奇迹？我们唯有端正态度对待人生，才能更好地发挥自己的潜能，把一切的不可能都变成可能。事实上，人生之中的确没有不可能。从某种意义上说，战胜那些不可能其实也就是战胜自我的过程，实现那些不可能则是突破和超越自我的过程。几千年前，人们从未想过飞天的梦想能够实现，如今人们不但能够飞天，还能飞到宇宙之中开疆拓土，解开宇宙的奥秘；几千年前，人们从来不敢想象自己能够一日千里，如今人们有各种各样的交通工具可以选择使用，一日万里也成为可能；几千年前，世界何其之大，一个人穷其一生也无法知晓世界之事，现在只需动动鼠标，就能马上了解世界上每个角落的时事新闻……总而言之，无数的不可能在人类顽强的创造精神和拼搏意志下，已经成为可能，而且也为我们的生活带来了极大的便利。面对这些不可能，只要我们能让自己变得更加强大、勇猛且充满力量，那么一切都有可能。

与其生气，不如努力奋斗争口气

每当倒霉地抓到一手坏牌，很多人都会情不自禁地噘起嘴巴气鼓鼓的。然而，生气并不能改变现状，只会让事情更糟糕。尤其是当一个人因为他人的错误而生气时，则无异于用他人的错误惩罚自己，会导致自身情绪愤怒，损失更大。聪明的人知道，与其生气，还不如多多努力为自己争口气。人生是宝贵的，时间更是生命的组成材料。假如把有限的宝贵时间用于生气，则一定会缩短生命的长度，使我们的生命变得无比短暂。

打个形象的比方，人生就像是兰州拉面，有粗有细，有宽有窄。我们既然无法改变生命的长度，其实完全可以拓宽生命的宽度。当你把生命拓宽一倍，其实也就相当于把人生的长度拉长了，如此一来，我们的人生也就变得更丰满。毋庸置疑，情绪对于人的影响是非常大的。假如情绪消沉低落，很多人在看天空的时候都会觉得阴云密布。唯有采取正确的态度积极地面对人生，我们才能尽情享受人生的快乐和畅意。细心的人会发现，大多数成功人士无论能力高低，都无一例外地是控制情绪的高手。不管面对怎样的情况，他们都能做到宠辱不惊，对于人生中的很多失意和惊吓，他们也能坦然面对，保持冷静和理智，想出最佳处理方案。

曾经有个妇人特别爱生气，即使是芝麻大的小事，也会惹得她气上好几天，不但对待他人气鼓鼓的，自己的心情也受到很大影响，终日郁郁寡欢。为了改变自己爱生气的毛病，她在一个朋友的建议下找到一个智者，向智者请教不生气的秘诀。

智者听完她的讲述，一语不发，把她领到一个房间里，并且把她锁在里面。这个妇人生气极了，但是必须讲究基本的礼貌，因而刚开始时一直耐心地等待智者给她教诲。不想，智者锁上门之后就走开了，许久都没有回来。妇人从按捺住怒气，到气得暴跳如雷，越来越生气，最终破口大骂起来。然而，不管她怎么歇斯底里地骂人，智者就是保持沉默，根本对她不理不睬。骂够了，妇人又开始苦苦哀求，然而智者依然不予理会，铁将军把门之下，妇人还是被锁在屋子里不得出来。很久之后，妇人大概是口渴了，渐渐不再骂了。这时，智者走到门外，问："你还生气吗？"妇人沮丧地说："我恨我自己，怎么能够轻信别人的话来找你，你只会把我锁起来！"智者笑着说："假如一个人都不能原谅自己，又如何原谅别人呢？"说完，智者转身离开了。

又过了很久，智者再次来到门外问："你还生气吗？"妇人偃旗息鼓地说："不气了，气也没有用，屋子里这么阴冷潮湿，我必须保存体力。"智者说："你其实并不是不生气，而是把气都压制在心底，这样是很危险的，因为一旦爆发就会威力无穷。"说完，智者再次离开了。

直到深夜，智者才又来到门外，问："你还在生气吗？"妇人回答："不气了，跟你这种人生气根本不值得。"智者无奈地说："你的气根还在，你还会因为各种事情而生气的。"听了智者的话，妇人沉默良久，才问："大师，您能告诉我什么是气吗？气又从何而来呢？"智者打开房门，当着妇人的面把手中端着的茶水倒到地上，妇人恍然大悟："原来，气来自于自己的内心，只要把心中的气倒空，也就没有气了。"

实际上，生气就是我们内心的一种选择，假如我们选择生气，气就会一直停留在我们的心中。假如我们选择不生气，那么气马上就会烟消云散，再也不见踪迹。实际上，大多数人生气都是自找的。所谓世上本无事，庸人自扰之。如果每个人都能放宽心胸，再也不为了那些莫须有的事情自己找气生，气也就会烟消云散，再也不见踪迹。一个聪明的人，一个能够淡定面对生活的人，肯定是掌握了情绪转换器的人。他们能够很好地调整自己的情绪，让自己变得更加坦然和淡定。即使面对生活的大喜大悲，也能做到宠辱不惊，去留无意。不得不说，这样的人生境界才是值得每一个人追求的。

毋庸置疑，每个人在人生的过程中都会遇到很多不开心的事情，也会遭遇很多的坎坷和挫折。在这种情况下，唯有保持心平气和，冷静理智，才能更好地战胜坎坷和挫折，也才能坦然面对困境，超越自我。其实，人有很多排遣情绪的方式，有的时候事到临头，如果想要做到完全不生气，也是很困难的。在这种情况下，可以采取延缓生气的方法，先转移自己的注意力，诸如听听音乐，散散步，或者做一些自己喜欢做的事情，等到事发之后再回过头来，你会发现当时即将喷薄而出的怒气根本没有存在的理由，甚至早就已经烟消云散了。总而言之，生气就是在拿别人或者自己的错误惩罚自己，与其把宝贵的时间用在生气上，不如更好地改善和调整自己的情绪，以积极乐观的状态面对生活。

人生不如意十之八九，淡然以对

面对一座巍峨的高山，有谁能够一飞而过呢？就像举世皆知的喜马拉雅山，无数登山爱好者甚至为了征服喜马拉雅山付出宝贵的生命，但是依然有更多的人前仆后继，只为了实现人类共同的梦想——征服大自然，证实人类的极限力量，也突破人类的极限，让人类得到更大的发展。其实，在很多情况下，人生也恰如喜马拉雅山的山峰直插云霄，爬起来漫漫长路充满坎坷和艰辛，难道就因此而放弃吗？当然不是。每个人的人生都像登山，难免会遇到很多失意和坎坷挫折。真正的强者，在面对艰难曲折的命运时，必然会知难而上，迎难而战，鼓足勇气挑战自我。唯有保持一颗不断进取、自强不息的心，我们才能更加坦然地面对人生的风雨泥泞。所谓宝剑锋从磨砺出，梅花香自苦寒来。任何人要想获得成功，都不可能一蹴而就。

就像天气有阴有晴一样，人生也时而风雨时而晴朗。人活着，不但要满足自己的基本生存需求，还要追求精神和感情上的满足，以及工作和事业上的进取，可谓有种种欲望等待满足。在这种情况下，失意几乎是不可避免的，因为一个人根本不可能在所有方面都得到满足，都能够如愿以偿。在这种情况下，更是要求我们坦然面对人生的不如意，唯有如此，才能更加平静从容，理智前行。

很久以前，有个小男孩刚刚出生就失去了父亲，不得不和体弱多病的母亲相依为命。为了照顾母亲，他才刚刚五岁，就开始学习做饭、洗衣服，很快，他就成了家里的顶梁柱。等到上学的年纪，他的母亲病更重了，瘫痪在床。这样一来，他不得不每天早晨天不亮就起床，给母亲做好一天的饭，然后走十几里山路去上学。等到下午放学，他背书包就飞奔回家，看望母亲，照顾母亲。在这样的日子里，他行走山路几乎健步如飞，奔跑的速度也越来越快。

然而，有一次他在放学路上遭遇山洪暴发，被洪水冲出去很远，等到人们把他救醒，他却发现自己的一条腿已经被锯掉了。原本，巨大的石块从山顶滚滚而下，砸伤了他的腿，再加上长时间地在洪水里浸泡，他不得不截肢。手术后几天的时间里，他就要求出院回家，因为他放心不下妈妈。到家之后，他坐着好心的人捐赠的轮椅，开始为妈妈擦洗身体，几天不在家，邻居只是给妈妈一些吃的，但是吃喝拉撒都在床上，家里已经臭不可闻了。

厄运如此接踵而来，瘫痪在床的妈妈为了不拖累儿子，想到了死。但是他抱着妈妈苦苦哀求："妈妈，不要丢下我，只要有你在，我就有家。"听到儿子这句话，妈妈潸然泪下，默默点头："妈妈不死，妈妈只要有一口气，也要陪在你的身边。"因为身体的残疾，他不得不辍学回家。凭着小学五年认识的字，他开始读书看报，想要得到更多的发家致富的信息。一个偶然的机会，他看到养鸡利润很大，不但可以卖鸡，还可以卖鸡蛋，而且饲料也便宜。为此，他动了养鸡的心思。这样他无需离开家，可以守着妈妈，说不定还能干出一份事业呢！说干就干，他马上开始张罗养鸡场的事情，再加上村里的支持，他还承包了很大一片土地种植玉米，以作为鸡的饲料。出乎所有人的预料，他的养鸡场居然真的轰轰烈烈地开起来了。后来，他的养鸡场规模越来越大，他也变成了方圆几十里地的大老板。如今的他已经安装了假肢，不但盖起了楼房雇了保姆照顾母亲，还找到了一个非常好的媳妇，生儿育女，事业也红红火火，如火如荼。

在这个事例中，主人公的命运非常坎坷，不但从小失去父亲，小小年纪就要照顾生病的母亲，还因为意外失去了一条腿。在一个悲观的人心目中，也许日子已经无以为继了。但是他虽然年纪小，却拥有顽强的毅力。他开办了养鸡场，而且很成功，由此扭转了自己的命运，让自己的人生调转船头，朝着幸福的彼岸驶去。

每个人的人生中都是有波峰也有波谷的，一个人不可能永远一帆风顺，更不可能一直得到命运的青睐。有些人就像是打不死的小强一样，即使命运再怎么坎坷，他们也能咬紧牙关坚持下去，不到最后时刻决不放弃。真正的强者，总是能够战胜命运，超越自我。记住，人只能依赖自己取得成功，除此之外任何人都不可能帮助我们一辈子。

冬天来了，春天还会远吗

人们常说成功没有捷径，这句话是很有道理的，但并非绝对正确。成功虽然没有捷径可走，但是后人却可以借助于前人的经验，让自己的起点更高，进展也更顺利。尤其是聪明人，他们都会借力打力，从而最大限度地为自己节省力气。就像是在牌桌上，其实我们虽然只握着自己的牌，但是却能够借助于他人的牌为自己服务。这样迂回曲折的获胜方法，并不龌龊，也不卑劣，完全是聪明人所为。

现代社会人们的思想越来越活泛，很多事情未必只有一条路可走，而是条条大路通罗马。每个人都在通往成功的道路上摸索自己的经验，虽然每个人的经验都是不可全盘照搬的，都是独具特色的，但是依然有着异曲同工之妙。假如我们能够灵活运用他人的经验和方法，再根据自身的情况及时进行改进，就能为自己的成功插上翅膀，使其飞得更高更远一些。

家有学生的父母会发现，很多孩子在成长的过程中都很迷惘。在这种情况下，假如父母或者孩子自己能够树立一个榜样，而且这个榜样最好是他身边的人，那么他就会情不自禁地向着榜样学习，把榜样当成自己最好的参照物，不断进步。总而言之，榜样的力量是无穷的。不管你是小学生还是大学生，不管你是普通人还是伟人或者是成功人士，在前进的道路上，你也依然需要一个榜样。唯有以榜样作为目标，你才能更加信心百倍地继续奋斗。正如一首诗里说的，冬天来了，春天还会远吗？哪怕事情当时的情况有些糟糕，我们也要积极乐观地对待自己的命运，努力成为命运的主人。不可否认，榜样的力量是无穷的。就像是一所世界知名大学出了很多诺贝尔奖获得者一样，未来它依然会培养出很多科学界的诺贝尔。因为他们相信，浓郁的学术氛围是可以代代相传的，以获得诺贝尔奖的师哥师姐们作为学习榜样的后来者，也一定可以取得辉煌的成就。

成功永远不嫌迟，只要你开始努力

面对成功，很多人都觉得自己的努力已经迟了。其实，成功永远不嫌迟，只要你开始努力，成功就会青睐于你。肯德基爷爷直到高龄，才成功地把自己的炸鸡配方推销出去，从而让自己的人生彻底改头换面，也使得自己在若干年后的今天成为举世皆知的著名人物。林肯在当总统之前，遭受过无数次失败，承受了命运无穷的苦痛，他却始终不抛弃更不放弃自己，最终才能战胜厄运，成为世人皆知的美国总统，在美国和世界历史上留下了浓墨重彩的一笔。从这些成功人士的经历上我们不难看出，不管道路多么坎坷和曲折，只要我们坚持付出，努力不放弃，成功总会姗姗来迟，给我们的人生带来意外的惊喜。

每个人都有不同的起点，诸如有些人是含着金汤匙出生的，一出生就有享不尽的荣华富贵，而有些人呢，却出生在社会最底层的家庭，几乎每一步都要付出异于常人的努力。相比之下，当然是前者的起点更好。诸多人生不但起点不同，在经过一个阶段的努力之后，所达到的高度也是完全不同的，诸如，有些大学生毕业于名牌大学，专业知识过硬，能力超群，有些人虽然也是十年寒窗苦读，最终却默默无闻，既没有高学历，也没有任何后台和背景。在这种情况下，前者就一定能够获得成功，后者就一定落魄沮丧吗？答案当然是否定的。

关于成功，著名的成功学大师拿破仑曾经说过，必须非常努力地往上攀登，才有可能让脚踏实地的奋斗者被机会的双眼发现。这就告诉我们，不管你处于社会的上层还是底层，要想成功，都不可能离开自己的努力。有的时候，为了避免被眼光所局限，我们还可以刻意地在身处社会底层的时候抬头仰望天空，登高远眺，看一看暂时不属于自己的远大世界，这样才能心怀壮志，始终不懈努力。举个最简单的例子，就像是爬山，在真正到达巅峰之前，即使你已经处于半山腰，如果你不努力，也不可能到达山顶。相反，就算你在山脚处，只要你一直坚持不懈，努力攀登，最终也会到达山顶，享受会当凌绝顶，一览众山小的畅意。不管你身在何处，都必须一步一步地往上爬，才能最终心之所向，到达人生的目的地。

曾经，有个四十多岁的人和很多年轻人坐在同一间教室里攻读MBA。当看着那些年轻的同学盯着他时，中年人总是要解释一番。原来，他曾经毕业于名牌大学，却回到了家乡一个事业单位工作。因为事业单位里有很多老资历的前辈，所以他始终战战兢兢，任何吃苦的事情都冲锋在先，一等到论资排辈的时候他就自觉地隐退幕后。就这样，直到他工作十几年了，依然是单位里的无名小辈，要想让那些前辈退休给他腾地方，至少还需要二十年。想想自己二十年后就已经快到退休年纪了，他不由得感到绝望。最终，已经到了不惑之年的他痛下决心，辞掉安稳的工作，来到陌生的北京闯荡。

然而，造化弄人，曾经凭着过硬的学历在人才市场上会很受欢迎的他，如今却因为年纪面对着一道无法迈过去的坎。他很清楚，自己不再年轻了，为此他选择再次提升自己，虽然读书对于他的年纪而言同样是高山，但是他很清楚只要迈过这座山，就一定会迎来柳暗花明的人生。果不其然，凭着丰富的工作经验和过硬的学历，他顺利进入一家大型公司担任人力资源主管。从此之后，他的人生轨迹发生了根本性的改变。

对于一个四十几岁年纪的人而言，选择一切重头开始，无疑需要莫大的勇气。但是，如果继续在小岗位上碌碌无为地度过一生，虽然安稳有余，却总让人心有不甘。在任何情况下，我们都不能放弃努力，所谓活到老，学到老，其实是这个社会给予每个人提出的中肯要求。

在大多数情况下，我们并非被外界的客观环境所禁锢，而只是被自我限制住了。假如我们能够打破心中的坚冰，选择勇往直前，也许就会发现只要拐个弯，人生就变得天地开阔，充满无限的可能性。对于人生而言，最可怕的就是一眼看到底。人生最大的魅力就是其未知性，我们唯有端正态度，充满勇气，面对和迎接人生的挑战，这一切磨难才会尽快过去。记住，成功没有霸王条款，只要我们能够突破自我的局限，勇往直前，成功就会在不远处向我们招手。

有胆识有魄力的人生，值得拥有

对于任何人而言，除了出生和死亡不能选择之外，有太多选择需要面对。可以说，人生就是不断选择的过程，唯有坚决果断地做出正确的选择，我们的人生才会更加果决。这就像是打牌，很多人明明拿着一手好牌，却总是犹豫不决，不知道在什么时刻应该打出哪一张牌，结果王牌不是出早了，就是出晚了，错过了最佳时刻，导致效力也大大降低。众所周知，人生的王牌本身就很少，如果又因为贻误时机白白浪费，那就太可惜了。这就像是好运，有些好机遇千载难逢，抓住了就抓住了，错过了就是一生的损失，后悔都没有地方哭。在这种情况下，我们必须有决断、有勇气，更要有胆识。

哲学家苏格拉底说，有些人在人生之路上总是犹豫不前，在这种情况下，那些珍惜时间和把握时机的人，不得不行色匆匆地超越他们，赶到他们前面去。举世皆知的亚历山大之所以能够征服世界，也是因为拥有胆识和魄力。和那些面对任何选择都要纠结很长时间的人相比，那些能够迅速做出决断的人，无异于延长了自己的人生。因为他们节省了宝贵的时间，不会把生命白白浪费在选择之上。与其在纠结中度过宝贵的生命时光，不如当机立断地去做，哪怕失败了，也比他人拥有更多的时间弥补和改正错误。

心理学家经过研究发现，大多数自信心强的人都是很有决断力的人，相反，优柔寡断则会严重破坏一个人的自信心。当一个人渐渐习惯了优柔寡断，他也就没有勇气当机立断地做出选择。过多过重的思虑，也会使他不断地设想出糟糕的结果，用以作为他否定自己想法的借口和理由。人的精力是有限的，并非取之不竭，用之不完。我们唯有更加勇敢地面对人生和未来，才能抓住那些千载难逢的好机会，即便失败了也是积累宝贵的经验，根本无需惋惜和懊悔。历史的洪流滚滚向前，尤其是在时代进步的大背景下优柔寡断的人，更是会失去生命的好机会。

在现代社会喜欢网购的人群里，还有谁不知道马云的鼎鼎大名呢！马云的阿里巴巴，马云的淘宝，马云的天猫，马云的天猫超市，最近简直红遍了大江南北。实际上，马云曾经只是一个名不见经传的小人物，正是因为有胆识、有魄力、有决断，其貌不扬的他才改变了自己的命运，也创造了中国互联网的传奇。在进入杭州师范大学外语系学习之前，马云的学习成绩并不好，他之所以能读本科，完全是因为侥幸。当年本科的录取人数不足，所以放宽了名额，马云就这样变成了本科生。他很外向积极和热情，进了学校不久，就成为学生会主席，这锻炼了他各方面的综合能力，也为他积累了人脉。

大学毕业后，马云先是从教，后来又下海经商，成立翻译社。因为翻译社经营惨淡，他不得不去浙江义乌等地采购一些小商品，以此赚取利润用来维护翻译社。就这样，马云度过了人生最初的艰难时刻，后来，他的翻译社发展得越来越好，在杭州甚至浙江省内都颇有名气。1994年年末，马云偶尔听说了互联网，又在1995年初去美国的时候真正接触到了互联网。这让他大开眼界，而且对此表现出浓郁的兴趣。由于当时整个中国在互联网上都是空白，因而好奇心重的马云特意聘请他人为翻译社做了一个网页，居然反响很大，在短短的几个小时里就收到了好几封邮件。这使马云深刻意识到互联网的强大作用，而且理智地认识到互联网会使整个世界发生翻天覆地的变化。为此，他萌生了一个疯狂的想法，他要做中国企业的互联网黄页，面向世界。一旦确定了自己的梦想，在从教道路上一帆风顺的马云马上放弃了唾手可得的职业发展，毅然决然地辞职，涉足互联网。此时此刻，世界范围内的互联网也才刚刚开始发展，中国刚刚有人发出了第一封E-mail。马云，就已经开始梦想着要利用互联网成就自己的人生了。毫无疑问，不管是亲戚朋友，还是同事同学，几乎没有任何人对马云的未来看好。即便如此，马云依然坚定不移，初衷不改。现在回想起当时的创业经历，马云坦言："我当时并非对互联网有决心，只是认为只要决定了走一条路，那么不管等待着我的是成功还是失败，我都必须一往无前地走下去。否则，我就会成为空想家，永远停留在空想阶段。"当然，马云为自己的果决兴奋不已。从1995年4月马云的"海博网络"公司正式成立，成员只有马云和他的妻子以及一个朋友，到今天全世界都对阿里巴巴瞩目，马云创造了中国互联网界的传奇。

毋庸置疑，如果马云当初稍微犹豫，或者因为对于互联网的未知而胆怯退缩，那么他今日的人生必然不同。不去做怎么可能知道结果呢？如果我们真正去做了，也许会像马云一样成功，也许会一败涂地，但是都没有遗憾。面对人生的选择，不管是读书、学习，还是创业、爱情，几乎每一次转折都需要我们做出重大的决定。没有任何人能够未卜先知，因而也就不可能知道自己的选择即将带来的结果是好还是坏。可以说，很多大胆的人都是生活的赌徒，他们敢于下赌注，所以才能抓住机会。任何事情，不去做，不去开始，就不会有结果，哪怕是坏的结果也不会有。在这种情况下，只有开始，你才有成功的可能，才能抓住转瞬即逝的机会。

生活中，常常有人羡慕那些幸运的人总是能够得到机会的青睐，得到成功的青睐。实际上，他们并非真的得到命运的眷顾，只是因为胆识和魄力，所以比普通人抓住了更多的机会而已。一个明智的人，从不会轻易放弃，更不会因为自身的犹豫不决而放弃。需要注意的是，决断并非盲目，更不是一意孤行。在大多数情况下，我们唯有不断地提升自己，综合各方面的情况和经验，才能相对准确地做出判断。这是日常的积累工作必不可少的一项，唯有经验丰富、能力超群的人，才能做到真正地决断。在现实生活中，有很多人不停地在说，比如说我要学习，我要买房，我要努力工作，真正成功的永远不是这些无病呻吟的人，而是那些勇敢地努力实践的人。在这些人只顾着说的同时，真正的实干家早就已经展开实际行动，开始进行下去了。举世闻名的凯撒大帝就是这样一个实干派，当他说想要做什么的时候，事情往往已经做得有了些眉目，甚至是进展顺利了。如此一来，他的成功当然也比别人来得更及时，也正因为如此的魄力和胆识，他才能在世界历史上留下深刻的烙印。

第03章 好运从不如影随形，转机总是不期而至

人在一生之中，总是既有幸运，也有不幸，甚至倒霉的时候还会霉运如影随形。在这样的情况下，人们虽彼此之间祝福着好运常相伴，心想事成，但在现实生活中却又不得不接受命运的无情捉弄，承受命运的严酷打击。其实，假如我们能够摆正心态，在厄运到来的时候不那么歇斯底里或者彻底绝望，那么我们就能始终心怀希望，等待转机的不期而至。很多时候，生活就在柳暗花明处，我们必须坚信未来，才能更好地面对自己。

与其主动出击，不如有备等待

人在职场，总有很多不如意，这也是现代社会的高压职场下越来越多的职场人士怨声载道的原因。面对这样残酷无情、竞争激烈的职场，除了有些天生就占据优势且得天独厚的人能够轻而易举获得成功外，大多数人的生存现状都让人担忧。他们日复一日承受繁重的工作，加班是常有的事情，却不能对公司提出任何异议，否则就要面临被淘汰的窘境。尤其是很多人还做着自己并不喜欢的工作，就显得更加动力不足。在这种情况下，很多尚不成熟的职场人士会选择拍屁股走人的方式，炒了老板的鱿鱼，最终却发现天下乌鸦一般黑，天下公司一般忙，几乎没有能够让自己快乐生活、随心所欲的工作存在。因而，他们忍不住一声长叹：难道这个世界上就没有我的容身之地吗？如果你始终肆无忌惮地炒老板的鱿鱼，也许最终会悲哀地发现这个世界上真的没有你的容身之地。那么到底如何应对职场尴尬才是上上策呢？聪明人自有妙招。

倘若你对每一份工作和每一个老板都不满意，那么不得不说并非老板或者公司出了问题，而是你的心态出了问题。在得来不易的工作面前，每个人都难免有委屈，却依然应该怀着尊重和珍视的态度对待工作。不但生活十之八九

不能让人如愿以偿，工作也是如此。在这种情况下频繁跳槽显然无法从根本上解决问题，与其主动出击，选择炒掉老板，不如被动等待，在等待的过程中不断提升自己，从而也积累了丰富的工作经验。举个最简单的例子，假如你能潜心下来在一个行业和一家公司工作五年以上，你会发现自己才有资格评价这个行业或者这家公司。那么在此之前，如果你选择了一家公司，千万不要轻易放弃。归根结底，频繁跳槽只会给后来的用人单位留下恶劣印象，只有脚踏实地，勤勤恳恳，你才能最终有所收获。

小丁和小马大学毕业后，一起进入这家公司工作。刚开始时，他们都非常珍惜这个工作的机会，毕竟这份不起眼的工作也是他们花费了好几个月才找到的。现代社会，大学毕业生遍地都是，他们虽然拿着大学文凭，却丝毫没觉得自己的竞争力强。如此工作了三个月之后，小丁渐渐开始在小马面前抱怨："小马，你准备一直做这份工作嘛？我觉得一点儿前途都没有，你看我们干的工作毫无技术含量，而且上司甚至都叫不出我们的名字。这样坚持下去，还有什么意义呢？"小马显得很淡定："认真去做吧，毕竟我们才进入公司三个月，即使是金子，也不可能这么快就发光的。我想，我们还需要继续努力，慢慢沉淀和积累。"小丁不屑一顾地说："你可真是死脑筋。如果咱们继续这么干下去，等到三年以后再决定去留，到时候白白浪费三年时间不说，在这样的小公司也不会有什么经验的提升啊！我已经决定了，我要骑驴找马，继续找工作。"就这样，小丁开始利用节假日的时间参加招聘会，一心一意想要为自己找一份更好的工作。也许因为有了几个月的工作经验吧，他居然很快就找到了一份工作，而且当即就找到上司辞职，炒了老板的鱿鱼。虽然他也邀请小马和他一起跳槽，小马却拒绝了："我觉得自己现在还没弄明白工作是怎么回事呢，也不太了解公司，还是认真工作一段时间再做长久打算。"就这样，同时进入公司的小丁和小马自此分道扬镳了。

三年之后，一个偶然的机会，小丁居然又在招聘会上遇到了小马。所不同的是，小丁这次依然是以求职者的身份，而小马则是作为公司的招聘负责人出现的。看着今日已经与昨日不可同日而语的小马，小丁感慨万千："哥们，还是你有远见卓识。我这三年来一直在不停地跳槽，原本以为能够找到更好的工作，却没想到陷入了跳槽的怪圈，总是不停地辞职找工作，到现在身无分文不说，简直连生存也成了问题。”小马笑了，说：“其实，我只是比你慢热而已。我这三年来虽然一直在最初的岗位上工作，但是却利用充裕的工作闲暇时间取得了人力资源管理资格的证书，正好公司刚刚成立了人力资源部，就赶鸭子上架，把我提上来了。”

小丁思想过于活络，虽然做到了主动出击，炒了老板的鱿鱼，最终自己却也狼狈不已，没有落得任何好处。小马呢，尽管一直在普通的岗位上工作，但是却没有虚度这三年的时间，居然考取了人力资源管理资格证书，因而才能抓住机会，在公司成立人力资源部的好时机下，一跃成为人力资源部门的主管。面对小马的深谋远虑，小丁不得不佩服。

职场上，很多人都面临窘境，既对自己现在的工作不满意，又不能保证自己未来找到的工作一定是合心意的。在这种情况下，最稳妥的做法就是努力提高和完善自身，增强自己的能力，增加自己竞争的筹码和资本，这样才能在千载难逢的好机会到来时，马上闪亮登场，把握时机，成就自己。细心的人会发现，大多数成功人士都是能够把握时机的人。他们也许在能力上并不突出，但是却能准确无误地抓住好时机，从而起到事半功倍的良好效果。

机遇转瞬即逝，有准备才能抓得住

喜欢打牌的人都知道，牌桌上经常会闪现出鹰牌的好时机。眼疾手快的他们马上就会伸出手来抓住好机会，但是有些人却因为缺乏准备而万分愚钝，最终不得不眼睁睁地看着机会从眼前溜走。这就是机遇的特性，越是千载难逢的好机会，就越是一闪而过，根本不给人准备的时间。在这种情况下，唯有有准备的人才能抓住这些转瞬即逝的好机会，从而彻底改变自己的命运和人生。除此之外，还有些人不会守株待兔坐等机会的到来，他们不但做好准备迎接一切机会，还会主动出击，为自己创造机会。和这些积极主动的人相比，有些人则总是一味地等待，仿佛机会会像馅饼一样从天而降，砸中他们的脑袋。不得不说，这样的人很难抓住机会，人生也必然黯淡无光。

对于任何人而言，机会的出现都只有一次，即便错过之后无限懊悔，也无法重新来过。这就像是电视台直播的节目一样，不管时好时坏，都会被摄像机忠实地记录下来，呈现在观众们面前。因而，每一个参加直播的演员都必须做足万全的准备，这样才能尽量把完美的自我展现在电视机前的观众眼中。一直以来，很多人都把牛顿的成功归结于那个不偏不倚正好掉在牛顿头上的苹果，仿佛那个苹果上面就写着万有引力。明智的人会从牛顿发现万有引力的经过，看到牛顿的勤学好思，也能看到牛顿此前多年来对于万有引力问题的苦苦思索。如果没有之前的一切努力和付出，牛顿哪怕每天都被苹果砸中脑袋，也无法提出万有引力。这就是为什么生活中几乎每天都有人被苹果砸中脑袋，世界上却只有一个牛顿的原因。

很久以前，有一个人在海边散步的时候偶然捡到了一块硕大的宝石。为此，很多渴望发财的年轻人都涌到海边，每天都摩肩接踵地在海边寻找宝石，杰克也是他们之中的一员。日复一日，年复一年，再也没有人在海边寻找到过宝石，因而很多人都穷困潦倒地离开了。但是依然有些人闻讯赶来，毕竟一生之中只要捡到一颗硕大的宝石，就能衣食无忧，享尽荣华富贵了。杰克始终在海边坚持着，整整五年的时间过去了，他还是毫无所获。

这时，与杰克同来的马丁已经发财了，不过马丁也和大家一样没有找到宝石，而是想到了另外一个发财的好主意。原来，马丁和杰克一样寻找了好几年宝石，最终穷得身无分文。有一天，他和往常一样在海边寻找宝石，因为天气炎热，他又累又渴，突然间想道：海边每天都有这么多人寻找宝石，肯定有很多人和我一样口渴难忍，假如我能把森林里的甘甜泉水运来卖给他们，也许是一门好生意呢！想到就做，马丁马上带着很多空空的矿泉水瓶子出发了，走到森林里的泉眼灌满水，再运回来卖给寻找宝石的人。果然，他的生意非常火爆，几乎每次运回来的水都会被一抢而空。就这样，马丁积少成多，渐渐有了积蓄，居然在泉眼旁开了一家矿泉水厂，不但去海边卖水，还把水运送到城市里的各大商场、超市售卖，得到了广大顾客的一致好评。如今，衣衫褴褛的杰克还在海边徒劳无功地寻找宝石，马丁却已经成为远近闻名的企业家，开创了属于自己的人生。

在这个事例中，肯定有读者朋友会说马丁拥有好运气。其实不然。马丁的好运气从何而来呢？就是在寻找宝石的过程中发现了巨大的市场需求，从而萌生出卖水的好点子。接下来，他当机立断，想到就马上去做，果然积少成多，最终成功开办了矿泉水厂，把森林里的甘甜滋味带给了每一个人。虽然看起来马丁的确拥有好运气的帮助，但是不可否认的是，他之所以能够抓住这个千载难逢的好机会，就是因为他时刻做好了成功的准备。

在人生之中，成功并不总是轰轰烈烈而来，大多数人的成功都是悄无声息地改头换面。唯有具备一双慧眼，我们才能辨识成功的真面目，准确无误地抓住成功的好机会。如果马丁没有敏锐的思想，也许就不能发现这个商机，说不定现在还和杰克一样在海边埋头寻找宝石呢！生活中，我们也不要一味地盯着大事，在很多情况下，人生的转折点恰恰隐藏在那些毫不起眼的小事之中。当你独具慧眼，就更能从普通而又平凡的人生之中脱颖而出，活出属于自己的精彩！

羞涩的人抓不住机会

在生活中，有很多人都特别害羞。他们即使面对机会，也满怀羞涩，不好意思直截了当地伸出手来。如果不是在危急关头，也许只是错失一次机会，但是如果在危急关头，错过的就不仅仅是机会，也许是生机、转机，甚至有可能是宝贵的生命……现代社会，各行各业都处于高速发展之中，人们也越来越少羞涩，而是更加理智和理性。在这样的情况下，羞涩显然已经不合时宜了，如果你不能明白地表述自己的需求，抓住机会，就有可能永远与自己想要的成功和幸福失之交臂。总而言之，我们理应不卑不亢，不急不躁，能够充满理性地对待机会的到来，也能够更好地把握自己的人生和命运。

自从进入公司之后，任静一直非常低调踏实。她对待工作严谨认真，与同事友好相处，这一切领导都看在眼中，因而也渐渐萌生出要栽培任静的心思。

恰巧公司最近要派一名单身的员工赴美国留学，因而领导特意当着办公室很多同事的面问任静：“任静，听说你在校期间就过了英语六级，口语也是相当厉害啊！”任静满脸通红，赶紧表示谦虚：“哪里哪里，口语很长时间都不练习了，早就丢到爪哇国去了。”这时，坐在任静旁边工位上的丽娜敏感地意识到领导可能是有用意的，因而接口说道：“领导，我的英语特别好啊，我上大学的时候也是英语六级，最重要的是我小姑子现在就在美国，我们如今通电话都是英语，我的口语相当流利呢！”听到丽娜这么说，领导只好调转方向，说：“哦，我还以为任静是办公室里英语最好的呢，没想到真正的高手是你啊！既然如此，我们部门要派出一名员工参加在美国进行的为期三个月的培训。只不过你已经结婚成家还有孩子，能走得开吗？”这时，任静才领悟到领导的意思，但是为时晚矣，丽娜马上毫不犹豫地说：“当然走得开，我家儿子从生下来就一直是我婆婆带着的，虽然我是亲妈，但是在不在家都一样。绝对没问题的，您就派我去吧，保证不辱使命。”话说到这里，那些英语水平不达标的同事们都毫无意见，任静虽然懊悔不已，但是也只好硬着头皮说：“丽娜姐英语水平的确很高，她还经常看英语原声电影呢！”就这样，这个千载难逢也特别适合单身贵族任静的好机会，被任静的羞涩和腼腆拱手让人了。也许，等到未来再有这样的机会时，任静已经不再是最佳人选了。

从这个事例不难看出，职场上的很多机会都是转瞬即逝的，我们必须眼明手快，抓住这些好机会，才能更好地提升自己，让自己迅速成长和成熟起来。这次的羞涩让任静错失千载难逢的好机会，也许她懊恼不已，但是却于事无补。但愿她能够记住这次深刻的教训，在下次遇到类似情况时不再盲目地谦虚和推让，这样才能抓住发展的机遇。

实际上，生活中有很多人都会因为各种各样的原因，看着很多好机会从身边悄悄溜走。他们直到失去了才知道珍惜，拥有的时候却不以为然，反而故作推辞状。现实社会变得越来越理性，过于感性、羞涩的人，是很难立足的。就像是很久以前提倡的谦虚精神一样，在现代职场上一旦谦虚不当，就会导致你的职业生涯出现转折。因而，我们需要的是毛遂自荐，是不卑不亢，是客观公正，而不是盲目自卑和谦虚。对于成功而言，抓住好的机会就像是迈出了成功的第一步，能够给我们未来的成功之路奠定坚实的基础。

要记住，对于任何人而言，机会都是完全平等的。不管你是出身高贵，还是卑微贫寒；不管你是严肃认真，还是嘻嘻哈哈；不管你是政府职员，还是下海经商，机会都会平等地来到你的身边，唯一的区别就在于你是否能够准确把握和抓住机会，让其改变你的人生和命运。还有些时候，机会是伪装之后才出现的，例如看似无法逾越的困难或者是人生的绝境之中，其实就隐藏着机会。因此我们除了要做足准备等待机会的到来之外，还要练就火眼金睛，这样才能准确辨识机会，避免错过机会。所谓机不可失，失不再来，当你因为羞涩而错失机会时，一定会懊悔不已，也会给自己的人生带来莫大的损失。既然如此，你还有什么理由羞涩呢？现代社会，欢迎的是一个落落大方的你，是一个聪明睿智的你，是一个目光如炬、静若处子的你。朋友们，赶快行动起来吧，机会就在你的身边——唾手可得处！

信息时代，得信息者得机会

在这个信息大爆炸的时代，各种信息铺天盖地，毫无疑问，掌握信息者才能把握每一次千载难逢的好机会。否则，如果闭目塞听，是无法与机会结缘的。为什么信息的作用如此之大呢？一则是因为信息代表着机会，二则是因为信息正在以前所未有的速度传递着，一旦信息失去时效，也就意味着机会不再有效。在这种情况下，机会毋庸置疑与信息的有效性是密切相关的。举个最简单的例子，假如你在第一时间得到信息说某个工厂急需大量钢材，那么你当机立断，联系钢材供应，这样你就在最短的时间内把钢材送到那个工厂，工厂负责人怎能不喜出望外，甚至对你万分感激呢？反之，假如你手里握有钢材，却因为消息闭塞，导致你得到消息的时候那家工厂的钢材需求已经得到满足了，那么这种情况下你就算拥有再多的钢材，也是无用的。当然，也不排除你第一时间得到信息，却因为行动过慢，导致错失良机，这是涉及行动力的问题，需要我们进行更深一步地探讨。这里，我们着重说的就是信息和机会之间是密切联系和严密相关的。

作为一名房地产商，李大庄把房地产事业做得如火如荼。尤其是最近他正在搞的养老地产项目，不但得到市领导的大力支持，而且在国内都是非常领先的养老理念。为此，李大庄一下子就火了。

其实，李大庄拥有这个好创意完全是出于偶然。有一次，他去国外的妹妹家里探亲，当听到在美国从事二手房经纪业务的妹夫说起近来养老地产非常火爆时，他不由得凝神细听。当时，国内根本没有养老地产的概念，因而李大庄特意让妹夫为他普及相关知识，还让妹夫带着他去好几个成功的养老地产项目进行考察，如此一来，他脑洞大开，也动起了心思。他暗暗想道："在国内房地产市场不景气的今天，社会已经进入老龄化，为什么我们不能顺应社会的发展形势，给予更多的老年人提供优质的住所和医疗服务呢？对于大多数老年人而言，他们最担心的就是衣食住行和医疗问题啊！"想到这里，李大庄马上召集自己在国内的团队来到美国进行考察，并且很快就拿出了切实可行的方案。果不其然，李大庄的这个想法引起了市委领导的重视，使他这个地地道道的商人也与市政府挂钩了。面对这个名利双收的好事，李大庄庆幸极了。

很多人听到同样的话，也许只是左耳朵进，右耳朵出，根本不会走心，更不会用心琢磨。但是李大庄是个很有心思的人，面对这个绝佳的创意，他马上敏感地意识到其中蕴含的巨大商机，而且当机立断展开行动，把想法变为现实，使自己的事业发展更上一层楼。

其实，不仅人与人之间需要信息的交流，企业之间，甚至是国家之间，都需要信息的交流。在这个信息时代，谁能掌握最新信息并且为己所用，谁就占据了先机，把握了主动。不管对于个人还是国家，信息的作用都至关重要。因而，我们应该努力维系自己的人脉关系网，同时，建立好属于自己的信息渠道，这样才能第一时间掌握有效信息，找准时机一鸣惊人。

当然，在信息大爆炸的现代社会，各种信息的质量也是良莠不齐，我们必须练就火眼金睛和敏锐的观察与判断能力，才能准确识别有用的信息，摒弃无用的信息，精确提炼信息，使其更高效地为自己服务。这就像是新闻记者一样，每天每时每刻都在有新闻发生，哪些是值得报道的，哪些是无用的、繁杂的，只有准确剔除和筛选，才能让真正的热点新闻呈现在大众面前。毋庸置疑，我们虽然不是记者，也同样需要这样冷静理智和睿智敏感的头脑。

每个人都追求成功和渴望成功，实际上，成功并非我们想象的那般遥不可及。只要我们多多动脑，拥有一双善于发现和挖掘机会的眼睛，就能及时搜集有用信息，帮助自己把握更多的机会，从而真正成为人生的大赢家！

心思巧妙助你发现潜在的转机

前文说过，机会并不总是以毫不掩饰的面目出现在人们面前，尤其是在危急时刻，机会往往被掩饰成各种各样的面目出现，这就需要我们具备火眼金睛，才能准确辨识机会。除了敏锐的观察力之外，我们还应该用心。所谓凡事就怕用心，当我们用心了，就会更加敏感，也更能够在危急时刻发现潜在的转机，从而及时扭转命运，让人生柳暗花明又一村。

毋庸置疑，每个人在一生之中都会遭遇各种各样的困境，强者总是能够在困境中发现转机，看到希望，从而度过危机，谋求更好的发展。而弱者呢，他们常常被看似无法逾越的困难吓退，甚至知难而退，不战而降。究其原因，除了他们胆小怯懦缺乏自信外，也因为他们不能从危机中发现转机，因而变得越来越沮丧绝望，直至完全丧失斗志。

亨利的祖父去世了，留给他一大片森林，这是热爱树木的祖父苦心经营几十年的心血，亨利很感激祖父。然而，亨利刚刚成为这片森林的主人没几天，就因为一场突如其来的山火失去了整片森林。看着原本郁郁葱葱、如今满目焦黑的森林，亨利感到万念俱灰。他一下子陷入困境，因为要想重新种植一片森林，远非现在一无所有的他能力所及。一天又一天，亨利的神色越来越暗淡，他甚至把自己锁在房间里，不愿意面对。这时，年迈的祖母来到亨利身边，对他说："孩子，其实失去整片森林并没有什么可怕的，我担心的是你日渐失去光泽的眼睛，里面已经没有了神采奕奕，更看不到任何渺茫的希望。难道我们能让一场大火就毁掉所有的梦想吗？假如你这么轻易就被打败，那么就注定了你的人生还有很多迈不过去的坎。我想如果祖父在天堂看到你现在的样子，也不会高兴的。"

在祖母的耐心安抚下，亨利再次鼓起勇气，走出遍布焦黑的森林。他一个人漫无目的地走着走着，来到了繁华的街头。突然，他看到很多人都在一家店铺门前排队，原来天气已经到了深秋，人们正在储备冬天烧壁炉的木炭。又因为疯传今年木炭的价格要上涨，所以大家都在抢购和囤货。这时，亨利脑中灵光一闪：那些被大火烧过的树木，不就是最优质的木炭嘛！想到这里，他当机立断，马上回家带领工人用烧焦的树木制作优质的木炭，并且将其加工成箱，还提供送货上门服务。毫无疑问，亨利的木炭马上被抢购一空，他狠狠地赚了一笔，随后又用部分资金去偏远的山区收购树木，烧制木炭，而把大部分资金用于购买树苗，他相信等到来年春天这片森林又将生机勃勃，绿意盎然！

巨大的危机之中往往也隐含着巨大的转机，假如亨利就此一蹶不振，始终逃避现实，那么整片森林就彻底毁掉了。幸好他在祖母的鼓励下再次树立起信心，这样才能发现遍布焦黑的森林中蕴含着的转机，从而当机立断地抓住机遇，也赋予了森林新的生机。

如果一个人善于发现机会，又能巧妙利用机会，那么他的人生一定不会过于平庸。对于眼中充满机会的人而言，这个世界到处都充满了希望。在现实生活中，也许我们是个穷人，正身处困境，但是只要我们始终用心，以敏锐的眼光发现转机，就能成功摆脱厄运的困扰，给予自己更加美好的未来。所谓“山重水复疑无路，柳暗花明又一村”，并不仅存在于诗句中，也同样遍布我们生活的方方面面。只要我们抓住机会，就一定能够绝处逢生，勇往直前，开拓人生的新局面。

失败是成功之母

不可否认的是，生活中的每个人都渴望成功，渴望成就属于自己的人生辉煌，但是却很少有人能怀着真诚的态度迎接失败，所谓“失败是成功之母”，也不过是大多数人用来安慰自己的话。实际上，人生恰如打牌，如果因为出错了牌输掉一次，下次一定不会再犯同样的错误，失败也是如此，很少有人因为同一个错误接连失败，所以说它恰恰帮助我们发现自己的不足，努力积累属于自己的成功经验。

失败是成功之母，虽然从小学开始就经常被我们挂在嘴上，或者写在作文里，但是人们对这句话的认识并不足够深刻和理性。为何说失败是成功之母呢？从粗浅的层面进行分析，失败之后有心人能够总结经验，从而避免下次再犯同样的错误。从深层次来说，失败之后原本骄躁的人们才能够戒骄戒躁，真正潜下心来研究成功的必经之路。有的时候，如果因为走捷径而导致失败，还能以实际教训告诫人们必须脚踏实地，兢兢业业，才能得到成功的青睐。总而言之，对于失败，无心的人也许会在同一个地方接连摔倒几次，但是对于有心的人，他们却能一次又一次地提升自己，帮助自己渐渐远离失败，接近成功。

其实，失败并不像人们所想的那样可怕。即使失败，又能怎样呢？俗话说，留得青山在，不怕没柴烧。只要我们心中的信念不倒，失败只不过是一次历练，能够帮助我们更加认清自己，理性分析自己。虽然很多人都自以为了解自己，实际上我们对自身的认识还是很陌生的。诸如我们觉得自身具备的优点，也许在他人眼中恰恰是缺点，我们对自己不以为然的缺点，也许恰恰是别人眼中可贵的优点。所谓优点和缺点，原本也是根据人们内心不同的评判标准决定的，并无绝对的规定。由此可见，我们必须更加客观理性地认识自己，准确到位地分析自己，才能扬长避短，取长补短，最终赢得成功的人生。

作为美国总统，林肯在美国历史乃至世界历史上都是至关重要、举足轻重的人物。然而，很多不了解林肯的人所不知道的是，林肯在成功竞选美国总统之前，经历了无数次失败。他的人生堪称充满坎坷和挫折，总是处于逆境之中，但是他最终还是勇敢地站立起来，迎接命运的挑战。

22岁那年，年纪轻轻的林肯做生意失败，为此负债累累；23岁那年，林肯参加州议员竞选，同样以失败告终；24岁那年，林肯再次下海经商，依然陪得血本无归，欠债直到十几年后才逐一还清；25岁那年，林肯成功当选州议员，人生似乎露出丝丝阳光；26岁那年，林肯的未婚妻突然去世，这给了林肯沉重的打击，使他在27岁那年最终精神崩溃，卧病在床，看似残酷的命运之神占据上风；29岁那年，林肯竞选州长再次落选；34岁那年，林肯竞选国会议员失败；37岁那年，林肯终于得到命运之神的眷顾，成功当选国会议员；39岁那年，林肯争取国会议员连任，再次以失败告终；46岁那年，林肯竞选参议员，再次落选；47岁那年，林肯竞选副总统，依然以失败告终；49岁那年，林肯再次竞选参议员，依然失败；直到51岁那年，林肯才如愿以偿地当选美国总统，掀开了人生的新篇章。

在失败面前，如果林肯轻易放弃，不再尝试和努力，那么美国历史上也许就会少了一位优秀出众的总统。看完林肯的人生经历之后，我们不难发现，林肯那成功的人生正是踩着失败的阶梯进步的。毫无疑问，在每个人的心里，失败都是让人沮丧的字眼，那么林肯是如何摆脱失败的打击最终获得成功的呢？是凭着顽强的毅力，是凭着不屈的精神，即使被命运打倒，也能再次坚定不移地傲立于世人面前。对此，美国著名的作家艾默生曾经说过，当一个人一心一意地奔向自己的目标，无畏任何艰难坎坷，那么整个世界都会为他让路。对于林肯的人生，也恰恰如此。他的心中始终有着坚强的信念，只把失败当成是自己进步的阶梯，所以他才能从一次又一次的失败中站起来，迎头赶上。假如我们也有这样百折不挠的精神，那么我们一定能够更好地把握人生，面对失败，拥抱成功。

在很多情况下，失败都是猝不及防的。因此，我们在面对失败时常常感到手足无措，甚至精神也会为之沮丧绝望，感到深重的挫败感。但正是因为这失败让我们紧张忙碌的人生有了短暂的停留，这样一来，我们更加深刻地反思自己，也因此而总结昨天，畅想明天，过好今天。从这个角度来看，失败并非一无是处，当我们摆正心态面对失败，失败也就真正成为成功之母了。

第04章 把握一种优势，总能将牌局转输为赢

每个人都有优点，也难以避免地存在缺点。假如我们的眼睛只看到自己的缺点，一味地否定自己，那么长期下去，必然会丧失自信心，甚至不再相信自己。在这样的情况下，我们又如何能够满怀信心地扬长避短，取长补短，发展自己的人生呢？真正明智的人，不但知道自己的缺点，也应很清楚自己的优点和长处，这样才能不断提升自己，以自身的优势作为王牌，让原本并不出色的牌局转输为赢，彻底改变人生和命运。

坏牌中也有好牌，要善于发现

在打牌的时候，假如你不幸抓到一手坏牌，那么你会如何做呢？一味地沮丧绝望，只会让牌局更加糟糕。明智的人会巧妙用心利用手中的牌，努力打出精彩，获得成功，或者至少不会输得那么难看。因为即使一副牌再糟糕，只要用心，也是能够从中找出相对较好的牌的。再加上打牌的技巧和机智，就像田忌赛马一样，你也很有可能让手中的王牌最大限度地发挥效力，最终赢得成功。

常常有人说，假如上帝为你关上一扇门，他也肯定会为你打开一扇窗。的确如此，上帝总是公平的，正如很多失明的人听觉比常人更敏锐一样，如果你存在很大的缺点，那么就要用心寻找，因为你一定会找到上帝偷偷为你安排的优点。当然，只有满怀希望、永不放弃的人才拥有这样的智慧，所以我们面对命运的坎坷和挫折，最先要做的就是摆正心态，始终积极乐观地面对人生。

女孩从小到大一直默默无闻，成绩也并不出色。在经历十几年的寒窗苦读之后，她的很多同班同学都考入了理想的大学，她却落榜了。眼看着暑假即将结束，同学们都背起行囊兴高采烈地奔向远方，她躲在家里悄悄落泪。后

来，妈妈四处托人找关系，好不容易才安排她进入村子里的小学当代课老师。然而，她却是茶壶里煮饺子倒不出来，无论如何也不能把自己的知识教授给学生，即使一道简单的数学题，她也讲不清楚。为此，学生们居然毫不客气地把她轰下讲台。

后来，她和同村的姐妹们一起去南方的服装厂打工，姐妹们全都心灵手巧，她却显得无比笨拙。别人缝制三件衣服的时间，她连一件衣服都缝制不好，因而很快就被老板开除了。回到家里，她万分沮丧，妈妈却说："她们都已经在服装厂工作好几年了，熟能生巧，你才刚刚开始工作，当然不可能得心应手。"后来，她又做过很多工作，诸如技术工、操作员等，甚至还自己做生意，但是都失败了。直到三十多岁，女孩才进入聋哑学校当老师，却以她的耐心和爱心，赢得那些残疾孩子的认可。后来，她开办了属于自己的残疾人学校，渐渐地又开了很多连锁商店，专门经营残疾人用品。若干年后，她已经成为一个不折不扣的成功女性，拥有千万身家，而且大名鼎鼎。有一天，她突然想起自己前半生那些失败，因而跑回家问妈妈："妈妈，那些年你为什么总是那么相信我，鼓励我呢？如果没有你，我根本不可能走到今天。"妈妈笑了，说："一块地如果种庄稼收成不好，可以考虑种菜；如果种菜也没有好收成，可以考虑种玉米或者豆子；假如连这些农副产品也种不好，那么不如撒上生命力最顽强的荞麦……总而言之，只要坚持努力，一块地总能遇到最适合自己的种子，开出灿烂的花朵，得到累累硕果。"

虽然我们有很多缺点，但是也有很多优点。我们不但要学会以发现的眼睛欣赏他人，也要学会以发现的眼睛欣赏自己。当我们发掘出自己身上更多的优点和长处，才能更加客观公正地评价自己，也才能为自己的发展铺垫信心。现代社会的就业形势越来越严峻，很多大学毕业生根本不知道自己的长处和不足，因而找工作的时候就像没头苍蝇一样，特别迷惘。在这种情况下，最重要的并非找到合适的工作，而是清醒地认知自己，了解自己。所谓磨刀不误砍柴工，与其随随便便找一份并不适合自己的工作懵懂度日，不如清醒理智地找寻到人生的方向和职业发展的方向，这样才能事半功倍。

细心的人会发现，有些人虽然身处平凡的工作岗位，但是他们的工作成就却是不俗的。相反，有些人虽然捧着金饭碗，但是却始终碌碌无为，根本无法突破人生的桎梏，成就自己的精彩。这一切，都是因为他们根本没有认清自己，也没有准确定位自己造成的。在现实生活中，有很多人抱怨自己命运坎坷，起点很低。其实与其花时间抱怨，不如把宝贵的时间用于提升和充实自己上。当你做好准备，才能抓住人生中随时不期而至的机会，也才能更好地面对人生的起起落落，始终淡定从容，镇定自若。

发挥特长，才能一日千里

每个人都有自己的特长，就像《士兵突击》中看起来憨憨傻傻的许三多一样，也有特长。尽管许三多不够聪明，脑筋转得也很慢，但是他的本性却带给人美好的感受，从而使他得到了人们的认可和赞许。我们当然也有特长，只不过有些人发现了自己的特长，并且将其发扬光大，最终获得了成功；而有些人却从未意识到自己有特长，更不知道自己的特长到底是什么，最终迷迷糊糊地度过大半生，虽然整日忙碌，却终究碌碌无为。

不了解自己的特长有何弊端呢？举几个形象的例子。假如兔子不知道自己的特长是跑步，偏偏要去学习游泳，假如鸭子不知道自己的特长是游泳，偏偏要去练习跳高，假如马不知道自己的特长是纵横驰骋，偏偏要去推磨，假如驴子不知道自己的特长是推磨，非要去战场上当千里马一日千里……可想而知，结果将会多么好笑。每个人都有自己的特长，如果我们不了解自己的特长，就会舍本求末，甚至做与自己的特长背道而驰的事情，这样如何能够取得成功呢？结果只能是进步特别慢，甚至根本无法取得进步。与此恰恰相反，假如我们能够清晰地认知自己，中肯地评价自己，努力发挥自己的特长，那么我们在人生的道路上就会更加顺遂，从而实现自己的梦想，奔向属于自己的成功。同时我们的进步也会特别神速，甚至达到一日千里的地步。古代的典故《南辕北辙》有很多人都听说过，而不了解自己的特长盲目发展，和南辕北辙是一样的，永远也无法顺利到达目的地，相反只会距离目的地越来越遥远。

小明特别喜欢画画，但是因为爸爸妈妈都是音乐老师，所以他们意见完全一致，即要把小明培养成他们音乐的传承者，成为一名伟大的音乐家，甚至成为朗朗那样举世闻名的钢琴家。为此，妈妈给小明报了钢琴班，爸爸给小明报了声乐班，他们每天都轮番看着小明练琴，学习声乐。小明迫于无奈，虽然服从了爸爸妈妈的意志，但是在音乐的道路上，他从未感受到发自内心的快乐，进步也特别缓慢。

有一次，钢琴老师在给小明上课之后，问小明："你喜欢弹钢琴吗？能感受到音乐在指尖跳跃的快乐吗？"小明摇摇头，说："我其实不喜欢弹钢琴，只有在拿起画笔尽情绘画的时候，我才觉得心好像飞起来了。"听到小明的话，与妈妈是好朋友的钢琴老师对妈妈说："李娜，我觉得你们应该尊重小明的兴趣爱好。其实，从我教授的情况来看，小明在钢琴上的进步是很缓慢的，而且也缺乏灵性。我问了小明，他最喜欢的是画画，为什么你不考虑尊重他的意见呢？也许他拿起画笔之后，真的能够发挥天赋和特长，成为一名伟大的画家呢！就算他最终不能成为画家，他也能够从绘画中感受到兴趣和乐趣啊！"妈妈听了钢琴老师的话，陷入了久久的沉默中。思忖良久，她才说："好吧，我和他爸爸商量商量，的确我们也能够感觉到他的不快乐。"在与爸爸经过慎重讨论之后，爸爸妈妈决定不再逼迫小明学习音乐，而是尊重他的意见给予他更多的时间来进行绘画。果不其然，小明虽然在绘画上并没有进行过专业的学习，但是老师一点即通，他在短短的时间里取得了明显进步。爸爸妈妈感慨地说："看来，绘画才是小明真正的特长啊！"从此以后，他们再也没有强迫小明做他不喜欢的事情。

从小明的经历我们不难看出，即使对于孩子，南辕北辙地强求其发展也是不可行的。在任何情况下，作为父母都要尊重孩子的天性，只有因材施教，才能让教育事半功倍。否则违背孩子的天性进行教育，不但会伤害孩子的天赋和特长，还会使孩子渐渐失去兴趣，甚至变得麻木和僵硬。

细心的人会发现，古今中外的那些成功人士未必都是能力超强或者运气很好的人，相反他们也遭受了很多挫折和磨难，最终才获得了成功。不过他们都有一个共同点，即他们所做的都是自己感兴趣的事情，也就是自己擅长的事情。因而他们不管遇到多少困难，都能做到不抛弃、不放弃，始终坚持不懈，直到取得成功。心理学家认为，每个人都有天生具备的优势存在。只有发挥优势，扬长避短，才能让成功的效率更高。从某种意义上说，这种优势就是我们的王牌，亮出王牌，我们就能一日千里。如此一来，我们离成功当然也就不再遥远。

化繁为简，简单招式也能出神入化

喜欢看金庸和古龙等武侠小说的朋友会发现，大多数武功高强的大侠都不是招式花哨的人，他们之中的大多数对于武功都是去繁化简，然后再把极简的招式练到出神入化。例如《射雕英雄传》里的郭靖，他原本就木讷寡言，但是却非常有定力，且能把简单招式练到出神入化，因而也成为一代大侠，功盖天下。武侠世界里还有很多这样的人物，例如梅超风的九阴白骨爪、张三丰的太极拳，以及令狐冲的独孤九剑等，这些人都因为掌握了出神入化的武功招式，才能声名赫赫，得到无数人的敬仰。人生也是如此，其实不需要太多的花哨招式，也不需要更多的花样和复杂心思，只要简简单单，回归自己的本性，再把简单事情做到极致，就能离成功越来越近。

生活中常常有人说，一个人做一件好事并不难，难的是一辈子都做好事。在这里我们要说，一个人把简单的事情做好并不难，难的是坚持把简单的事情做好，且能把复杂的事情也化繁为简。自古以来，大多数有成就的人所谓的绝招，就是坚持把每一件简单的事情都做好，最终不知不觉间就做出了惊天动地的大事。

作为古希腊著名的哲学家，苏格拉底教育学生的方式很特别。一天清晨，苏格拉底对学生们说："今天要学习的内容非常简单，每个人轻而易举就能做到，那就是把胳膊使劲朝前甩，再把胳膊使劲朝后甩，每个人每天都要坚持做二百次，可以吗？"说完，苏格拉底还亲自为学生们示范了一遍，学生们全都嘻嘻哈哈，因为这个任务实在是太简单了。

一个月之后，苏格拉底问学生："从一个月前到现在，有多少人在坚持甩胳膊？"他的话音刚落，就有九成以上的学生骄傲地举起了手。又一个月过去，当苏格拉底再次提出同样的问题时，只有八成学生举起了手。等到半年之后，只有不超过五成的学生依然在坚持。直到一年之后，苏格拉底沮丧地发现，只有一个同学依然在坚持不懈，持之以恒。这个学生，就是后来在古希腊和苏格拉底一样大名鼎鼎的哲学家——柏拉图。

在苏格拉底刚刚提出学习任务的时候，大多数学生都因为这个任务的简单和低级而感到啼笑皆非。然而，随着时间的推移，他们之中能够坚持下来的人不断减少，到最后只有柏拉图一个人在继续坚持。柏拉图凭借恒心和毅力，才能把简单的事情做到极致。

每个人都能做好很多力所能及的简单事，然而真正能够持之以恒的人却少之又少。假如我们总是能够把简单的事情坚持做下去，就一定能够成就自己，创造人生的辉煌。实际上，很多事情之间都有着千丝万缕的联系，正如科学家们提出的蝴蝶效应，虽然有些事情看似毫无关联，实际上却是密切相关的。在这种情况下，把每一件简单的小事都做好，也就能为成功铺垫基础。从现在开始，就让我们也成为武侠高手吧！

优势是实实在在的长处

在现实生活中，很多人都对自己的缺点耿耿于怀，甚至因此而蒙蔽了眼睛，无法看清楚自己的优点和长处。长此以往，他们必然变得万分沮丧，甚至无法准确判断和评价自己，最终导致自信心全无，也影响了自身能力的合理发挥。不得不说，这就是因为错过太阳而哭泣，最终导致错过群星的典型表现。

既然这个世界上根本没有十全十美的人存在，也就注定了每个人都是有缺点的。诸如有些人长得不够漂亮，有些人皮肤黝黑，有些人身材矮胖，还有些人则声音嘶哑。这也就注定我们的人生是充满缺憾的，每个人唯有坦然面对和接受这些缺憾，并且摆正心态从容发挥自身的优势，才能最终成就自己，创造辉煌。需要注意的是，很多人误以为自己具备某些优势，却并不能准确发挥这些优势，最终导致优势的功能不能完全展现，也就无法为人生的成功奠定基础。每个人都应该记住，优势绝不是虚张声势，更不是绣花拳脚，而是实实在在的本事，是要能够拿出来与他人一决高下的真本领。因而在展现优势时，我们必须端正态度，严肃认真地对待，把优势发挥得淋漓尽致。

小米从师范院校毕业之后，并不想当一个一生都守候着三尺讲台的老师，虽然父母都很希望她回到家乡从教，过安稳的生活，但是她却一心想去大城市打拼。为此，她大学毕业后没有服从国家分配，而是背起行囊来到了省会城市南京。在这个六朝古都，小米很快就找到了人生的方向——她想成为一名记者。

为此，小米向好几家报社投递了简历，但是只有一家报社给予她回应。对此，小米非常珍惜这次面试的机会。等到面试的日子，她穿着正装来到报社，先是参加了笔试，后来又参加了面试，最后则是现场考试。一位看起来经验丰富的记者带着他们一行面试者来到一个新闻现场，进行现场报道，并且安排他们每个人回去之后都要写一篇六百字的报道。这则新闻是与拖欠农民工工资相关的，经过一番仔细思考，小米觉得这是一个非常有深度的新闻，因而马上一头扎进档案馆查找资料。经过三天的时间，小米交上了一份三千字的新闻报道，而且她居然还以实习记者的身份采访了几位正被拖欠薪水的农民工。不得不说，小米的报道让主编眼前为之一亮，和其他人交上来的六百字的无病呻吟相比，小米的报道显然更具深度和广度。为此，主编居然当场签发，还让小米第二天就进入报社开始工作。

对于自己的优势，小米显然非常清醒和理智。所以，她不管自己前面笔试和面试的结果如何，归根结底，新闻记者就是应该以稿件说话。为此，她非常努力地写出一篇合格的新闻报道，最终博得了主编的认可和赏识，工作难题也迎刃而解。

每个人都有自己的优势，要想更好地发挥自己的优势，我们首先应该找准自己的优势，并且对其有中肯切实的评价。唯有如此，才能更加深入地挖掘优势，并淋漓尽致地发挥优势。优势不但能够为我们增强自信心，也能为我们插上翅膀，从人群中脱颖而出。虽然成功没有捷径，但是真正聪明理智的人总会为自己找到成功的加分项，从而使自己距离成功越来越近。

微笑，让你瞬间打开他人心扉

很多人都误以为优势只能是显而易见的竞争长板，其实不然，优势可以体现在很多方面，有的时候甚至是细节之处，让人不易觉察。但是这并不意味着优势不会发生作用，在很多情况下，越是不起眼的优势越是能够给我们加分，或者感染他人于无形。很多深谙人际相处之道的人都知道，微笑能够拉近彼此之间的距离，但是他们不知道的是，微笑更是一种优势，且是具有神奇魔力的优势。假如一个人能够把微笑的优势发挥得淋漓尽致，不管在什么情况下都能以微笑缓和人际关系，打开他人心扉，那么他一定会成为社交达人。众所周知，现代社会的人脉关系已经被提升到前所未有的高度，很多情况下它甚至比高学历、强能力更重要。因此，微笑的人总是拥有丰富的人脉关系，从而也为自己的人生和事业拓展宽度，得到更多的帮助和助力。

很多成功人士振臂一呼，就会应者如云。究其原因，是因为他们富有人格魅力和亲和力。而微笑，无疑是人性光辉中最善良的一面。微笑不分国籍，不分种族，具有走遍世界都不怕的特性。即使是面对一个语言不通的人，你的微笑也能深深地感染他们的内心。从这个角度说，微笑的本质就是优势。有的人天生喜欢微笑，有的人则总是表情严肃，带给人强烈的压迫感。如果你同时面对这样两张脸，你一定会情不自禁地转向那张微笑着的脸，因为他给予你无穷的亲和力，让你情不自禁地想要亲近他。这就是微笑的无穷魅力！

笑是人类的本能，如今却有很多人因为生活和工作的双重压力，渐渐习惯了愁眉紧锁，脸上再也不见微笑的踪迹。不可否认，真正的微笑能够迅速打开他人的心扉，使人与人之间的坚冰被打破，也使人与人之间变得无比亲近。如果用交通信号灯来比喻人与人之间的交往，那么微笑则像是一盏畅通的绿灯，使人际之间隔阂尽消。

小马行色匆匆地来到车站大厅，几乎没有片刻停留，就朝着候车厅入口走去。原来，他今天要去东北出差，但是因为有些小事情耽误了，距离火车开车的时间已经不足半个小时。正当他急急忙忙地朝前走时，一个中年男人突然来到他的眼前，把他惊了一下。这个中年男人看起来满面沧桑，衣服也都很旧了，不过很干净，应该是个农民工吧。小马怀着戒意盯着中年男人打量着，中年男人突然嗫嚅着说："先生，我的钱包丢了，你能借点儿钱给我买车票回家吗？"小马几乎不假思索脱口而出："不可能，我怎么知道你是不是骗子呢！"中年男人满脸通红，显然不知道如何回答这个问题。

正当小马再次低着头准备离开时，突然有个十岁左右的小男孩来到他的面前，脸上带着纯真的微笑说："叔叔，我爸爸的钱包真的丢了。我们是准备回家的，我家在天津蓟县，从这里买票回去，两个人需要八十多块钱。请您帮帮我们吧，最后一班车很快就要开了，不然我们就得在这里过夜。"孩子一边说，一边带着真诚的笑容看着小马。小马的心突然就被感化了，心想：假如情况真的如孩子所说，那么我不帮助他们，他们父子就得留在候车厅过夜。即使被骗，也就是百十块钱吧，至少强过孩子在候车厅过夜。想到这里，他掏出一百元钱塞给孩子，说：“拿去买票吧！”孩子连连感谢，和父亲一路小跑着走了。当小马气喘吁吁地走进车厢坐稳时，突然听到有人在敲窗玻璃，原来是那个孩子！孩子灿烂地笑着，手里拿着两张去往天津蓟县的火车票。小马也发自内心地笑了，他觉得自己做了一件有意义的事情。

现代社会，骗子横行，很多人都担心被骗，也或者是因为有过上当受骗的经历，因而防范心理特别强。假如不是这个孩子真诚的笑容，也许小马会坚持拒绝中年男人的求助，最终错过一次赠人玫瑰，手有余香的好机会。但是现在，看着孩子的笑脸和其手中的车票，小马发自内心地感到高兴。也因为深深感受到助人的快乐，所以小马也觉得非常幸福安心。

微笑，能够缓解人们紧张的心理状态，使原本陌生或者熟悉的人之间，关系更加亲密无间，亲切自然。有些人也许会说，我天生不会微笑。但是，学会微笑并不困难，只要我们心中怀着善良，就可以给予他人更多的友善。要记住，只有发自内心的微笑，才能打开他人的心扉。各种职业性的微笑仅仅代表礼貌，还有些伪装出来的微笑，都是无法打动人们的心灵的。相信！当你习惯于带着发自内心的真诚微笑面对这个世界时，你的人生将会变得与众不同。

金饭碗绝非一纸证书那么简单

现代社会，各种各样的证书充斥着我们的眼睛和心灵，在我们目不暇接的同时，心中也不停地长草，恨不得把这些证书都全部收入囊中。然而毕竟一个人的精力是有限的，因而我们也就不停地在纠结中取舍，进行艰难地选择。现实的压力是如此之大，竞争这么激烈，难道这些证书真的能够对于我们的人生起到切实的作用吗？毋庸置疑，当你的证书与你的专业对口，且符合你的工作情况时，不得不说证书还是非常有用的，尤其是当证书代表着一种资格时，就更加变得不可或缺。但是对于现实中涌现的“考碗族”而言，这些证书却未必有用。

所谓考碗族，就是那些想要通过国家公务员考试，为自己赢得金饭碗的人们。他们因为对现实缺乏安全感，也不太适应残酷的竞争，因而总是想要通过各种各样的考试，让自己具备各种资格。

实际上，所谓的金饭碗，绝非是考取公务员之后就能一劳永逸了。现代社会，任何行业或者工作，都不会是绝对安稳的。因为人只有在不断地竞争之中，才能持续奋进，保持努力的状态。而且，人生也并非一成不变的。我们唯有以一颗“善变”的心去应对这个千变万化的时代，才能跟得上时代的步伐，让自己变得与时俱进。当你费心竭力考取了所谓的“铁饭碗”“金饭碗”时，也许你又会发现自己并不适合那种按部就班的生活，此时岂非所有心血都白费了吗？明智的人会综合衡量自身的条件，给予自己一个最好的命运安排。

大学毕业后，因为爸爸在政府部门工作，林强也加入了考公务员的大军。他甚至从未尝试找过工作，从大学刚刚毕业就开始考公务员，又因为爸爸妈妈的支持，他变得更加义无反顾。殊不知，公务员也是独木桥，很多热门的职位甚至有几百几千人在竞争。为此，林强足足考了三年，又在爸爸不断地托人找关系之下，才最终进入政府部门，成为一名公务员。

不想，在工作半年之后，林强就感到厌倦了。原来，公务员的生活并非林强所想的那样潇洒。他每天都要按时到岗，打卡之后又往往没有充实的工作去做，常常是喝喝茶看看报纸就度过了宝贵的一天。为此，林强懊悔万分，尤其是看着那些曾经义无反顾去大城市打拼的同学们如今已经事业有成，或者是公司的中层管理者，或者是技术骨干，他更加觉得自己的生命在毫无意义地浪费着。再说说他在考公务员期间考取的那些证书吧，除了评职称的时候能够用到之外，几乎毫无用处。痛定思痛，在当上公务员一年多之后，林强毅然决然地选择了辞职。他相信，未来会有更加广阔的天地在等着他。

很多人在盲目考取证书的时候，一厢情愿地以为手中握着的证书越多，自己的实力也就越强。实际上，事实并非如此。对于真正有能力的人，他们不但有证书，更有胆识和魄力，更有超强的能力。证书是死的，人却是活的，工作和生活更是处于千变万化之中。我们只有及时调整思路，与时俱进，才能避免被时代淘汰的厄运。

现代社会，再也没有所谓的“金饭碗”“银饭碗”和“铁饭碗”了。所谓活到老、学到老，我们只有不断激励和鞭策自己学习、奋发、上进，才能让自己跟上时代的脚步，给自己一个美好的人生。所谓逆水行舟，不进则退，人生也恰巧如此。当别人都在不停地奔跑时，我们一旦停下，就会被甩下一大截。在这种情况下，“考碗族”们还自以为能考到“金饭碗”吗？

好牌与坏牌总是相互转化的

打牌的时候抓到一副坏牌，有些人常常感到沮丧，甚至是绝望，殊不知，好牌和坏牌是会互相转化的，很多人自以为抓到的是一副坏牌，实际上只要他们多多用心，从满手的坏牌中找到真正的王牌，再独具匠心地运用自己的王牌给坏牌带来转机，也许就能把坏牌转化为好牌。这恰如人生，很多人面对厄运彻底绝望，也放弃努力，最终却发现其实自己并不是毫无生机，只要努力，是完全有可能扭输为赢的，对于开始的轻易放弃，只会令自己后悔。

从辩证唯物主义的观点来看，凡事都具有两面性，正如古人所说的福祸相依，我们要从坏的事情里看到转机，也要在得意忘形的时候提醒自己不要乐极生悲。既然坏牌能够转化为好牌，我们在抓到坏牌的时候就不能轻易放弃；既然好牌也会不知不觉地转化为坏牌，那么我们在抓到好牌时就不能盲目乐观。唯有保持一颗淡定平和且永不放弃的心，才能在面对好牌与坏牌时都淡定自若。

很久以前，有个村子里没有水井，全村人吃水都要去村外很远的一条小河里挑。有个村民因为身无一技之长，就做起了帮助村民挑水的生意。他这一挑，就是十年。渐渐地，他平日里用的木桶出现了一道裂缝，往往挑水回到村子时，那个桶里的水就只剩下一多半了。挑夫找人修补过一次水桶，但是却不管用，水依然滴滴答答地渗漏。因为没有多余的钱置办新水桶，他只能这样凑合着用，每次都少收雇主一毛钱。等到开春之后，他突然惊喜地发现自己走了十年的路变得不一样了。原来，因为每次都有水渗出，所以道路的一侧青草长得郁郁葱葱，野花开得非常灿烂。挑夫再也不觉得这是一份枯燥乏味的工作，因为他沿途还可以欣赏美景。后来，他还特意花钱买了一包花种子，洒在道路的一侧，这样，在来年春天到来时，他几乎是在花丛中行走。由于心情愉悦，他越来越喜欢这份挑夫的工作，直到村里家家户户都通了自来水，他才不再挑水。

然而，他已经习惯了在这条鲜花满径的道路上行走。虽然不再需要挑水了，他依然坚持每天挑水至少从这条路上走一次，这样才能让这条鲜花盛开的道路依然美丽。

对于这只破旧的水桶，虽然挑夫一开始想要将其修补好，但最终却越来越喜欢它。原来，虽然水桶漏掉了一部分水，但是却给道路旁的小草和鲜花提供了水分，让它们长得郁郁葱葱，美丽娇艳。看着这些五颜六色的花儿，挑夫虽然每次都少挣一毛钱，但是却能够在一个更好的环境里工作，满眼都是美景，让他的心情也变得好起来。

不得不说，破旧的水桶是不完美的，但是从另一个角度来看，它恰恰是美的使者，把美丽的鲜花和苍翠的小草带给了人们，愉悦了人们的眼睛和心灵。生活中的很多事情都是这样的，从这个角度看也许不尽美好，甚至有些糟糕，但是换一个角度看则结果完全不同。每个人在面对生活的坎坷和挫折时，在面对不够完美的自己时，也应该拥有这样的眼光，能够从不同的角度进行理智地分析，从而认可和接纳客观存在的一切。所谓存在即合理，即使你很不满意，也未必能够改变客观世界的存在，反而搅扰自己心神，既然如此，为何不改变态度，积极乐观地面对呢？也只有怀着积极心态的人，才能成功地把人生的坏牌转化为好牌，从而彻底改变自己的命运。正如人们常说的，既然哭着也是一天，笑着也是一天，那么我们当然要笑着度过生命中的每一天。这句话虽然看似简单，但是其中蕴含的道理却非常深刻。尤其是那些真正能把这句话落到实处的人，一定是人生的智者。

第05章　没有好牌没关系，淘汰坏牌转好牌

如果能够抓到一副好牌，再加上精湛的牌技，那么一定能够春风得意，顺风顺水，甚至是意气风发地打完一场牌局。那么如果不幸抓到一副坏牌呢？必然是犹豫纠结，尤其是出牌的时候，总是捉摸不定，无法在最短的时间里就爽快地把牌打出来。其实，好牌坏牌并不起决定作用，如果我们不能做到准确找出手中的王牌，那么不如先从淘汰坏牌开始。随着淘汰工作地持续深入，也许你就会发现你手里的牌渐渐变得越来越好。这是因为，清除掉杂草的稻田看起来总是充满无限生机。

纠结的你，一定要拿定主意

从某种意义上说，人生似乎是由无数个选择组成的。现代社会，孩子们的心智发育越来越快速，很多低龄的孩子就已经非常有主见，例如上幼儿园小班的孩子就会自己选择穿什么衣服，吃什么东西，和几十年前的孩子一切听从父母的安排相比，简直就是个有主见的小大人。随着渐渐长大，孩子们还要选择去什么学校读书，高考填报什么学校和专业，毕业了又面临选择工作，到了谈婚论嫁的年龄更是要考虑选择什么样的人生伴侣……总而言之，人生充斥着选择，假如一个人有选择恐惧症，那么无疑将会非常痛苦，因为只有在恐惧选择时，我们才会更加深切地发现一个又一个接踵而至的选择构成了我们无可逃避的人生。大到人生的转折，小到吃什么饭，喝什么口味的饮料，这都是需要当机立断做出抉择的。毫无疑问，既然人生是由这些或大或小的选择组成的，那么我们的命运也就真实地掌握在自己手中。从现在开始，不要再抱怨命运的不公平，更不要觉得命运反复无常。唯有正确选择，果断抉择，你才能彻底摆脱纠结且失败的人生。

毋庸置疑，对于有些人而言选择是非常痛苦的。包括去饭店就餐点菜，他们也需要琢磨很长时间才能做出取舍，又难免会在吃到不可口的饭菜时懊悔不已。这当然是人生的一种失败，因为一旦选择就再也不可能重来，而懊悔只会让自己陷入更加深刻的负面情绪之中，无法自拔。尤其是对于那些暮年的老人，他们常常追忆往昔，后悔自己曾经在某个重要时刻做出了错误的选择，导致贻误终生。其实既然懊悔无用，还不如紧紧抓住手中的今天，努力改正错误，弥补人生的缺憾。

很久以前，有两个年轻人特别自以为是，他们总觉得自己聪明盖世，天下无人能敌。当得知遥远的大山里有一位智者无所不知、无所不晓时，他们很不服气，连夜启程，想要去挑战智者。走了整整一个月，他们好不容易才来到大山深处智者隐居的地方。然后，他们拿出提前准备好的两只鸟儿，将其分别握在手中。看着智者疑惑不解的样子，其中一个年轻人狡黠地说："既然你什么都知道，不如现在就告诉大家我的哪只手里是活鸟儿，哪只手里是死鸟儿吧。"其实，他们心中打的如意算盘是，如果智者说他的左手里是活鸟儿，那么他就把在手的鸟儿捏死，如果智者说他的右手里是活鸟儿，那么他就把右手的鸟儿捏死。不想，智者早就看穿了他们的心思，淡定自若地说："鸟儿的死活完全掌握在你的手里，我根本无从猜测。"

在这个故事中，智者无疑具有超强的洞察是非的能力。在看到来者不善的年轻人之后，他就意识到年轻人也许会故意刁难，因而一语中的，揭示了事物的真相。没错，很多时候我们就像左手和右手都握着鸟儿的年轻人，实际上根本没什么不可预测的，因为我们完全掌握着生杀大权。越是在这样的情况下，我们越是应该保持冷静理智，也要保持机智和灵活。

面对人生中一次又一次的选择，我们就像是站在人生的十字路口，左看看右看看，前看看后看看，就是不知道应该如何抓住机会果断前行。当时机悄然溜走，你也许会被困在十字路口，眼睁睁地看着那些勇敢的、有决断的人超越你的身影，成为你的先驱。但千万记得，鱼与熊掌不可兼得，贪婪往往使人们的选择进行得更加艰难。我们唯有更有魄力和决断力，及时做出取舍，才能更加从容地把握人生！

避免犯错，才能重新洗牌

面对一个持续亏损的企业，最重要的是什么？也许有人会说先实现盈利，然而这并非上策。正确的做法是先止损，积累经验，然后再重整旗鼓，实现盈利。就像一个人在犯错误的情况下没有进行自我反思，而是继续迫不及待地想要表现自己一样，那么等待着他的必然是又一次错误，导致事情更加恶化。生活中，我们常常有这样的感触，总觉得厄运接踵而至，几乎不给人喘息的机会。实际上，这都是因为我们在遭受厄运的时候没有总结和反思，而是更加歇斯底里地反扑，才会导致事情更加恶化。而有些人呢，不管是做人做事都非常稳妥，一步一步稳扎稳打，几乎从不犯错，或者即使偶尔有小小的失误，也能马上弥补。这就是成功，一旦有了良好的开始，才能进入良性循环。

面对手中的坏牌，你会怎么做呢？难道把所有的牌都揉合起来打乱顺序，重新再分一次牌？这当然好，却未必能够得到大家的一致认可。那么，如果不能重新分牌，我们又该如何是好呢？其实，很多情况下坏牌并不像你想得那么糟糕，只要用心寻找，还是能够找到其中的王牌的。对于积极乐观的人，他们总是能够保持冷静和理智，不会在坏牌面前惊慌失措，从而也能力挽狂澜，使自己输得不至于那么难看，甚至扭转局面，转败为胜。唯有如此，我们才能得到机会重新洗牌，也给予自己的人生新的机会。做任何事情，就像老黄牛一样一味地埋头苦干是不可能获得成功的，真正的聪明人会把巧妙用心与止损为盈结合起来。最重要的是，当错误已经酿成恶果时，我们必须及时止损，不能再因为同样的错误扩大损失。

作为日本经济界的“经营之神”，稻盛和夫创办的京都陶瓷公司在日本大名鼎鼎，是拥有强大实力的高科技公司。在刚刚成立之初，这家公司就得到了松下电器的合作订单，要知道，对于一个开始起步的公司而言，能够与松下电器这样赫赫有名的企业合作，简直意义非凡。然而，商界对于松下电器的口碑尽管很好，但很多业内人士也都知道松下电器合作条件的苛刻。松下电器总是把合作伙伴的利润压到最低，从而最大限度地扩张自己的利润。虽然这次合作是松下电器首先看上了京都陶瓷公司的产品质量，但是依然铁公鸡一毛不拔，连年压低京都陶瓷公司的利润。为此，京都陶瓷公司的很多员工都已经对松下电器失去耐心和希望，毕竟没有任何公司愿意零利润工作。对此，稻盛和夫却有不同意见，他认为虽然松下给出的条件很苛刻，甚至近乎不可能完成，但是这些都不是迎难而退的理由。他更认为只有万众一心渡过眼前的难关，才能为他们未来的发展打下坚实的基础，也能够使他们的实力飞速增长，在未来的发展之路上不再因为任何的困难而轻易放弃。就这样，稻盛和夫不断探索，最终研究出新颖的经营模式——变形虫经营模式。在这种经营模式下，原本体系庞大的公司被分解为若干个小的灵活的责任单位。每个责任单位都有具体的负责人，而且责任单位内的具体工作也分派到个人头上，出现任何失误都由个人负责，当然在盈利很好的情况下员工也会得到相应的利润分成。如此一来，公司的运营成本大大降低，也从根本上杜绝了浪费的现象，最终公司上下居然齐心协力，一起达到了松下公司的苛刻要求，使得合作进展顺利，且有利可图。

在他人眼中看似不可能实现的合作，在稻盛和夫的坚持下，最终变成了现实，且实现了盈利。当然，京都陶瓷公司的新型经营模式带给他们的绝不仅是与松下公司合作这个好处，而是整个公司都发生了翻天覆地的变化。节省开支，减少错误，正是把手中的坏牌变成好牌的关键所在。

其实，不仅企业经营如此，人生也是如此。面对人生的坎坷和挫折，面对人生中看似不可能逾越的绝境，我们唯有采取更加冷静理智的态度，勇敢果决地减少犯错，保证每一张打出去的牌都能起到应有的作用，这样才能不断调整手中的牌，让坏牌渐渐淘汰，让好牌浮出水面。从这个意义上说，拿到坏牌也没关系，只要我们谨慎出牌，淘汰坏牌，就能渐渐地给手中的牌洗牌，从而使手中的牌改头换面，变成好牌。

舍与得之间，并非绝对

在通常情况下，人们都想得到，而害怕失去。其实，得失之间并非绝对，而是相对而言的。有的时候，失去是另一种形式的得到，有的时候，得到反而是失去。表面上看起来的得到，恰恰让我们失去了他人的信任、理解和尊重，可谓得不偿失。而有些人勇敢地舍弃，维护了自己做人的原则和底线，最终赢得了好的口碑，得到了他人的一致认可和尊重，可谓收获颇丰。这就像是打牌，有的时候看似失去了一张好牌，实际上却赢得了生机，相比之下，生机比一张好牌重要得多。

大多数人不舍得放弃，是因为害怕放弃之后再也不会得到。在《大话西游》中，曾经有一段台词红遍了大江南北，很多人都把这句台词挂在嘴边，感受其中的诙谐意味和深刻的人生哲理——曾经有一份真诚的爱情摆在我的眼前，我却没有好好珍惜，直到失去，我追悔莫及，这简直是人世间最痛苦的事情。假如命运再给我一次机会，我一定会告诉那个女孩“我爱你”，假如一定要给这份爱加上一个期限，我希望是一万年！从这段刻骨铭心的台词我们不难看出，很多人对于即将失去或者已经失去的东西，才会感到万分珍惜。而对于握在手里或者此时此刻拥有的东西，他们则会熟视无睹。

其实很多时候，放弃往往意味着新的开始。例如我们的生活曾经过得浑浑噩噩，没有方向，那么当我们狠心与这样的生活告别时，也就意味着我们马上将会开始新的生活。同样的道理，假如我们失去了一双旧鞋子，也许很快就会拥有一双新鞋子。舍弃，意味着新的拥有；结束，也意味着崭新的开始。人生中的很多事情都像是我们手中的牌局，坏牌与好牌总在不断地转化之中。唯有用心的人，才能更好地抓住这些千载难逢的好机会，彻底地改变命运。

从一名初入职场的新人，到现在作为公司的副总，马克几乎在十年的时间里得到了无数人梦寐以求的成功，和诸多人生的光环。然而，他当上公司副总才短短的三年时间，就开始感受到内心的空虚，为此他居然做出了一个疯狂的决定，那就是辞掉副总的职务，只当一个员工。对此，几乎每个认识马克的人都觉得难以置信，也很难理解。毕竟，待遇丰富的副总，不管是从薪资水平上，还是从身份地位上，都是人人敬仰的啊！为什么马克要放弃呢？

对此，已经重新当回普通员工的马克说："很多人都看到了我的放弃，却没有看到我的得到。我的确放弃了很多，很高的待遇，公司给我配的豪车，还有身份地位以及诸多耀眼的光环。然而，他们没有发现我也得到了很多。我有更多的时间陪伴成长中的儿子，我有更多时间陪伴年迈的父母和挚爱的妻子，最重要的是，一直喜欢写作的我，也有了更多的时间写一些随笔，记录下人生的点点滴滴。现在这样很好，我觉得重新找回了自我，这才是我真正想要的生活。"

人到中年的马克，突然间辞掉职位很高的工作，变成一名普通的职员，看起来他失去了奋斗十几年才得到的一切，但是他很清楚自己想要怎样的人生，因而相信自己的选择是正确的。现在的马克有更多的时间陪伴家人，也有充裕的空间反思自己的人生，更有时间记录下人生的点点滴滴，这才是他想要的生活。

对于生活，每个人都有不同的定义，有的人把生活的目标定义为多挣钱，有的人认为生活就是应该不断地获得更高的权势，还有人认为生活应该是闲云野鹤，应该是信马由缰，也有人认为生活就该是日日变化或者千篇一律。到底哪种生活才是最好的呢？每个人给出的答案都是完全不同的。在这种情况下，我们必须遵从于自己的内心，按照内心的呼唤进行取舍，这才是真正得到了人生。

眼光长远，才能立足高远

生活中不乏有些眼光长远的人，能够立足高远谋划人生，从而使人生的格局更加开阔。然而，更多的人却是鼠目寸光，总是盯着眼前的利益，不能做到真正的豁达。前文说过，人生之中充斥着各种各样的选择，小到吃什么饭，喝什么饮料，大到关系到一生命运的抉择，例如选择一份怎样的工作，选择一个怎样的伴侣相伴一生。无疑，后文提到的选择是与我们一生的命运都息息相关的，看起来似乎更应该小心谨慎。当然，小心驶得万年船，多多用心总是没错的。最重要的是，在做这些重大决定时，我们还应该把眼光放得更远一些，这样才能从长远考虑，也才能让我们的选择具有前瞻性。

在很多情况下，我们不得不放弃眼前的利益，去赢得长远的口碑、赞许和认可，或者其他等。偏偏有些人鼠目寸光，只盯着眼前的利益不放松，导致最终错失长远利益，事到临头才追悔莫及，却为时晚矣。

作为一名探险队员，麦克·莱恩曾经于1976年成功登顶珠穆朗玛峰。然而，伴随着成功的喜悦而来的却是突然恶化的天气，狂风暴雪使得他们下山的路步履维艰。最可怕的是，这暴风雪很有可能持续十天半个月，使他们不但体力消耗殆尽，随身携带的食物也所剩无几。在这种情况下，他们如果安营扎寨等待暴风雪停息，那么一定会被饿死。如果继续朝着山下走去，又有可能因为路标被大雪掩埋而失去前进的方向，甚至有可能迷路。这样一来，体力消耗巨大的队员们根本不可能背负沉重的装备绕这么多弯路，最终会因为体力耗尽而死去。思来想去，麦克·莱恩首先做出了一个惊人的举动，他扔掉了所有的装备，只带着少量食物轻装上阵，极速下山。看到麦克·莱恩的行为，队员们纷纷表示反对，因为下山最快也需要几天的时间，如此丢掉装备，最终有可能来不及到达山下，就会被活活冻死。但是麦克·莱恩的理由也很充分：“我们只有这一条路可走。我们必须破釜沉舟，把自己逼入绝境，才能激发潜能，争取尽快赶到山下。”最终，麦克·莱恩说服了所有队员，大家全都丢掉装备，轻装前行。结果，他们比预期的时间提前三天到达山脚，虽然因为寒冷，他们的手脚都被冻伤了，很多人截掉了十个脚趾头，还截掉了好几个指尖，但是他们却保住了生命。在狂风暴雪从未停歇的十几天时间里，他们最终战胜了恶劣的自然环境，证明了人是具有极大潜能的。

后来，在英国国家军事博物馆工作人员的请求下，麦克·莱恩赠出了他登顶珠穆朗玛峰的纪念品——十个脚趾和五个右手指尖。这些都是当年残酷的自然环境对他们的馈赠，因为极度严寒，也因为长时间地在极端天气中顶风冒雪前行，他们失去了自己身体的一部分。不得不说，这是英国国家军事博物馆有史以来收到的最珍贵而又出人意料的纪念品。

在恶劣的自然环境面前，麦克·莱恩清楚地意识到，假如他们不能当机立断舍弃那些沉重的装备，做到轻装上阵，就不会有任何生机。为此，他毫不犹豫地丢掉装备，赶在暴风雪彻底覆盖路标之前，成功回到山脚下，保住了生命。生活中，我们常常需要面对取舍，有些取舍很容易就能做出决定，有些取舍却非常艰难。然而生机转瞬即逝，我们必须及时做出决断，才能最大限度地保存实力。还记得在《唐山大地震》中，徐帆饰演的妈妈面对是救女儿还是救儿子的选择万分艰难，心痛不已，然而如果不及时决断，也许两个孩子的生命都会失去。为此，她不得不痛彻心扉地做出救儿子的决定，也因此内疚了大半辈子。这样的取舍让人撕心裂肺，却总比全部失去更好。

但人们常常被眼前利益吸引，导致无法立足高远去考虑问题。这样的鼠目寸光，往往使我们的选择不够明智。相信很多人都应该听到过蝴蝶效应，其实很多事情的连锁反应要很久以后才能显现出来。为了使我们的选择更加明智，而且能够为长远利益考虑，我们应该不断拓宽自己的视野，让自己的眼光变得长远，这样才能做出真正明智的决定。

最好的未必最合适

在打牌的过程中，假如你抓到了很多好牌，但是它们彼此之间却各自独立，无法统筹安排起来，那么它们的威力就会大大减弱，甚至威力全无。这时，假如你的对手抓到的牌未必很好，但是却能够彼此遥相呼应，相得益彰，则他的牌也许反而能够战胜你的牌，获得最终的胜利。由此可见，最好的牌未必最适合你，真正的好牌是适合你的牌，是能够在你的发挥最大效力的牌。就像鞋子，水晶鞋虽然很漂亮，但是有的人即使削掉一半的脚后跟也未必能穿上，而且还会因此而导致自己受到伤害。因此要找到最合适自己的鞋子，才是最重要的。

最好的就一定最合适吗？就像买东西，最贵的就一定是最好的吗？如果对你不合适，不管是最贵的还是最好的，都失去了意义。对于个人而言，最好的标准是完全不同的。也许对这个人最好的东西，对那个人就是最坏的东西，由此可见，根据每个人自身的情况，最好的标准是在不断改变的。从某种意义上说，最好的标准就应该是最合适的，如果不合适，也是枉然。

生活中，有很多人在选择的时候特别盲目，比如买东西一定要买贵的，选择人生伴侣一定要看起来光鲜亮丽的。其实，每个人对于人生诸多方面的需求都是完全不同的，假如一个人很爱钱，也许选择有钱的伴侣就能使他满足。但是与此相反，假如一个人注重精神恋爱，那么必然宁可吃糠咽菜，也要找到与自己精神契合的人生伴侣。所以，我们要想找到最适合自己的，一定首先要问清楚自己的心，真正了解自己的人生追求，才能事半功倍。合适的才是最好的，否则一味地追求最好的，却未必能够找到最合适的。人生免不了要跋山涉水，每个人都需要有一双适脚的好鞋子！

凡事讲究效率，才能事半功倍

生活中，我们常常看到有些人从早到晚地忙，但是却鲜有成绩。相反，有些人每天都过得很有节奏感，忙的时候全神贯注，闲的时候闲情逸致，看起来很悠哉悠哉，但是却一点儿没耽误正事，把每件事情都处理得恰到好处。无疑，后者是非常让人羡慕和钦佩的。大多数人却是没有把握好生活的节奏，也没有掌握做事情的效率，做事情时因为磨蹭或者抓不住重点，而导致事倍功半，有的时候还会徒劳无功。

保尔柯察金说过，人最宝贵的是生命，生命对于每个人来说都只有一次。那么作为生命重要的组成材料——时间，更是显得弥足珍贵。在任何情况下，我们都必须珍惜时间，才能让生命变得充实。举个最简单的例子，同样一份工作，甲做完需要一个小时，乙做完却需要三个小时。由此一来，甲就可以利用节省下来的两个小时完成其他的工作，或者进行休闲娱乐活动，享受人生。这样，甲就相当于比乙多活了两个小时。长此以往，日积月累，即使甲乙同年同月同日生，也同年同月同日死，人生之于他们的长度却是完全不同的。尤其是在现代社会，不但生活节奏大大加快，工作的节奏也大大加快。特别是在职场上，效率已经和能力一样被排在第一位，因为只有当这两者都达标的情况下，个人才能为公司创造最大利润。

作为一名管理人员，赵凯近五六年始终停留在基层。很多比他晚进公司的人都已经成为中层管理者了。对于这样的现状，已经人到中年的赵凯也非常焦急，但是却不知道如何改善。

一个偶然的机会，赵凯与公司主管人力资源的张总有了一次交集。提起自己在目前的职位上已经工作了五六年，却遭遇了职业发展的瓶颈，毫无突破可言，赵凯不胜感慨。这时，具有丰富人力资源管理经验的张总推心置腹地说："其实，我也在很久以前就开始关注你了。按照老总的意思，原本是想找机会把你提拔上去的，但是最终却发现你在工作上缺乏创新，也没有后劲，不得不作罢。你也知道，销售行业不停地在注入新鲜的血液，作为老人不进则退，如果等你到了四十几岁还在这个职位上不上不下，就会很尴尬了。"赵凯感触颇深："是啊，我也很着急，但是总觉得找不到方法。"张总笑了，说："你其实是个慢性子，这一点你应该很清楚。所谓有什么样的领导就有什么样的下属，如果你总是磨磨蹭蹭，做事情效率低下，必然影响你的下属们正常发挥，导致整个团队都萎靡不振，缺乏活力。而销售行业，最重要的就是具有热情和感染力。你应该从这个方面反思自己。"

所谓听君一席话，胜读十年书。赵凯听了张总的建议之后，果然意识到自己过于慢性，因而导致团队也缺乏活力。从此之后，他以身示范，首先提高效率，从而带动整个团队也像是打了鸡血一样，没过几个月，团队整体业绩迅速提升，赵凯也得到提升。

如果一个人整天都在辛苦地工作，却效率低下，导致没有任何成绩，那么无疑是悲哀的。和他们相比，那些因为偷奸耍滑导致工作不够出色的人至少还赚了个清闲。若发现问题之后，我们能像赵凯一样，及时反思自己，改进自己的缺点，提升自己的能力和做事情的效率，也会最终获得成功。

任何时候，没有效率的努力都是白费力气。与其效率低下地忙碌一整天，不如提高效率忙碌半天，而把剩下的半天用来处理其他工作，或者劳逸结合，这样才能达到事半功倍的效果。效率不仅对个人的发展至关重要，对于企业更是生存的根本。因为只有提高效率，才能降低各种成本，从而提升利润空间，让企业实现良性运转，得到更好地发展。

第06章　山重水复疑无路，柳暗花明又一村

生活中既有幸运的时候，也有不幸的时候，甚至还会有灾难从天而降的情况发生。面对极端恶劣和糟糕的情况，假如轻易放弃，就会让情况变得更加糟糕。唯有坚持不懈地尝试和努力，才有可能扭转局势，让人生山重水复疑无路，柳暗花明又一村。

一张牌的改变让牌局改变

在地球一侧的蝴蝶扇动翅膀，就有可能让地球的这一侧发生飓风。听起来有些不可思议，甚至让人难以置信，但是事情的发展就是这样，看似不相干的事件之间却有着千丝万缕的联系。从这个角度进行分析，我们可以清晰地认识到，一张牌的改变，就可以使整个牌局为之改变，甚至影响最终的结局。

人生并不像我们所奢望的那样是绝对公平的，相反，不同的人之间悬殊很大。例如有些人生下来就是富二代、官二代，即使自己毫不努力，也能被很好的安排，人生总不至于太差，甚至轻轻松松就能过得比大多数人更好。相反，有些人生来就家境贫寒，而且还有可能要面对更多接踵而至的不幸。在这种情况下，如果抱怨，则非但于事无补，还会更加扰乱自己的心绪，使自己无法静下心来收拾残局。真正的心智健全者，会忽视这些天生就存在的差距，而是持之以恒地付出加倍的努力，正确改变自己的命运。很多时候，我们不需要从各个方面拉近与那些天生高起点的人之间的距离，而只需要在某个方面非常突出，或者有所建树，就能轻而易举地改变自己的人生格局。因而，永远不要被那些看起来客观存在的诸多差距所吓倒，只要你能坚持不懈，持之以恒，奇迹终有一天会出现。

作为一个从贫苦人家出来的孩子，少辉从未想到自己的人生能够达到如此

的巅峰。时至今日，当年和父母一起在黄土地里劳作的情形依然时常出现在他的眼前，而在考上大学的前夜，父亲忽明忽暗的烟袋也深深地灼伤了他的心。尤其是进入大学之后，看着像土包子一样的自己，再看看班级里那些穿着名牌、开着豪车的有钱同学，他觉得自己低到了尘埃里。然而，这一切都从未使他沮丧和绝望，反而激起了他无穷的斗志和勇气。他发誓要在这个繁华的城市谋求一席之地，还要把父母接到大城市享福。

大学毕业后，少辉从贩卖小商品摆地摊开始，每天都早出晚归，一边上班，一边利用闲暇时间赚取外快。随着资金的积累，他等到自己有能力开一家店铺时，便辞掉工作，开始经营自己的生意。他从不敢浪费一分一秒的时间，每当店里生意清淡时，他就充实自己的淘宝店铺，最终做到了皇冠。如今，少辉的连锁店已经开遍了这个城市的每个角落，也已经深入人心。他完成了自己的心愿，却从未停下前进的脚步。他下一步的目标是，冲出国门，走向世界。

对于一个来自农村的穷小子，既没有雄厚的资金支持，也没有后台和背景，他所能依靠的只是自己。为此，他脚踏实地，一步一个脚印地在这个城市奋斗，只为了有朝一日实现自己的梦想。功夫不负苦心人，虽然累过苦过，而且奋斗还在继续，但是少辉在这个城市站住了脚。

不管你抓住的是怎样的一副牌，都永远不要放弃，更不要绝望。只要你脚踏实地地出牌，用心经营自己的牌，哪怕是一张牌的改变，都能给你带来新的机遇，甚至是重新洗牌的机会。大文豪鲁迅先生原本应该从医，最终却因为国人的愚昧麻木，毅然决定弃医从文，从此这个世界上少了一个也许平庸的医生，却多了一支战斗的笔，唤醒了无数国人沉睡的灵魂。虽然我们只是普通而又平凡的人，但是命运之于我们也毫不吝啬。在人生的漫漫长路上，永远不要放弃任何机会，因为哪怕只是一个很微不足道的机会，都有可能彻底改变你的命运和人生轨迹。

与其溺死，不如学习游泳

正如刘欢在一首歌里唱的那样，心若在，梦就在，只不过是从头再来。当时，这首歌是唱给下岗工人的，却引起了无数人的共鸣。毕竟，人生的困境并非只有下岗工人才会面对，大多数人只要活着，就总是不断接受人生的挑战和磨难，甚至还要面对和超越那些看似无法逾越的高山天堑。

在数万年前，作为地球上最强壮有力也声势浩大的物种，恐龙曾经占据生物链的顶端，是万物之首。然而不知道为何，恐龙却最终销声匿迹了。对此，很多科学家都展开深入研究，却没有人能够给出准确明晰的解答。为此，有些科学家猜测，也许是因为恐龙长期安逸地生活，最终导致它们失去应变能力，被剧烈变化的环境夺取了生命。这尽管只是猜测，却不无道理。对此，老祖宗在千百年前也留下古训，生于忧患，死于安乐。这句话的意思是说，在忧患之中，人们因为危机意识，反而生活得更好。而在安逸无忧的环境中，人们因为没有敌人，也无需担忧，最终失去生存的能力。即便是在现代社会，也有很多像恐龙一样安于现状的人，他们丝毫没有忧患意识，即使各种激烈的竞争每时每刻都在发生，他们依然埋起头来当鸵鸟，对危险视而不见。曾经有科学家说，婴儿一生下来就会游泳。也因此，现在很多妇产医院都开设了新生儿游泳的课程。从这一点不难看出，人类的适应能力是很强的。假如把一个刚刚出生的婴儿扔在水里，他也许真的会游起来，生的本能告诉他，与其被溺死，不如学习游泳吧！这实际也是人们应该具备的对待困境的态度。

人生不如意十之八九，每个人在人生的过程中都需要面对层出不穷的困难。是选择缴械投降，彻底失败，还是选择困兽犹斗，不到最后时刻决不放弃，这一切都完全取决于我们的内心和对待人生的态度。人们常以案板上的肉任人宰割形容无计可施的自己，殊不知，与其被动地躺在案板上受死，不如努力一搏，或可还能出现转机。换言之，既然怎么都是死，那还不如死得壮烈，死得其所呢！

很久以前，有个老人独自居住在深山老林里，与猴子为伴。每天，老人都会拿出一些从山里采摘的野栗子喂猴子，通常是上午和下午每个猴子各能分到四颗栗子。后来，老人年老体弱，已经没有足够的精力采摘野栗子供给猴子食用了，为此他和猴子商量，能否把每天的栗子供应量减少，上午三颗，下午两颗。这些生性顽劣的猴子马上开始造反，派出代表与老人谈判："为什么栗子减少了，而且还越来越少呢？"老人无奈地说："我实在是太老了，无法帮助你们继续采摘栗子。你们就体谅体谅我吧！"然而，愤怒的猴群根本听不进老人的解释，恨不得把老人的屋顶都掀翻呢！在这种情况下，老人思来想去，终于想到了一个好办法。

他再次找来猴群的代表，好言好语地商量："我老了，已经没有能力供给你们食物了。但是如果你们把栗子采摘给我，我可以保证你们每天下午都比上午多吃一颗栗子，我会给你们分配的，上午两颗，下午三颗，怎么样？"猴群的代表听到这个方案觉得很高兴，马上就答应了，猴群也很高兴，它们感恩老人下午多给他们一颗栗子，每天都非常勤劳地采摘栗子，送给老人。

虽然只是一个寓言小故事，却为我们揭示了一个真理。面对愤怒的猴群，老人没有被动地等待，而是主动想出了一个"好办法"，平息了猴群的怒气。老人就像是一个溺水的人，如果不能学会游泳，就会被淹死。那么在这种情况下，也别管姿势好看与否了，只要胡乱踢腾也能够保证自己不被淹死，就可以胡乱踢腾。即使是徒劳无功的挣扎，也好过不挣扎就被淹死的结局。

人生总是瞬息万变的，很多事情的发展也随着时间的推移在不断地改变。假如我们一成不变，就相当于被时代的洪流甩下。面对滔滔江水，永远也别抱怨自己不会游泳，因为很有可能你抱怨的话还没说出来，就已经溺水而亡了。聪明的人总是能够审时度势，在最短的时间内激发自己的潜能，就算学会最难看的狗刨姿势，也比不会游泳被淹死来得更好。所谓天无绝人之路，只要我们自己坚持不放弃，就总能寻得一线生机。

与其被动改变，不如主动求变

时代在发展，任何人如果始终保持一成不变，就会被时代的洪流甩下，直至被淘汰。当然，生活中不乏有些惧怕改变的人，他们已经习惯了墨守成规的生活，很害怕改变之后的现状是自己无法接受的。因而他们选择排斥和抗拒改变，甚至是像鸵鸟一样埋头在沙堆中，自欺欺人。最终的结果会如何呢？即使内心百般不愿意，他们依然被时代裹挟着改变，甚至被扭曲，被撕裂。明智的人会反思自己，既然改变的命运无法抗拒，为何不能变被动改变，为主动求变呢？！至少这样一来，还能占据改变的主动权，让自己的人生多一些选择的空间。

在这个信息大爆炸的时代，一切事情都讲究效率和速度，改变也是如此。你的被动改变一定会远远落后，这样的改变即使心不甘情不愿也必须要进行，但却未必有好的结果。相比之下，主动改变则占据更多的优势，至少能够帮助我们抢先时代的洪流，成为潮流的引领者。也许改变最终的结果不好，但是你却能够占据先机，有更多发挥的空间。在这种情况下，你胜算的机会也会大很多，何乐而不为呢！

作为一名保险推销员，亚娟自从进入公司的半年来，始终没有任何业绩。对此，亚娟很苦恼，眼看着还有半个月延长试用期就到了，她心急如焚。无奈之下，她只好去求助公司里销售业绩最好的王牌销冠。看着亚娟愁眉苦脸的样子，销冠不以为然地说："你的情况很正常，我刚刚进入公司的时候也这样。"亚娟惊讶得张大嘴巴，说："啊，真的吗？简直难以想象啊！"销冠依然淡定地说："当然是真的，谁生来就是销冠呢！大家都是从不会到会，再到熟能生巧。不过你的确有个致命的问题，你的思维太僵化了。如今你已经进入公司将近半年，居然才想起来反思自己。不过还好，你至少没有等到被开除之后再来请教。"亚娟不好意思地笑了，说："我一直不知道问题出在哪里，又不好意思麻烦你，向你求教。"销冠直截了当地说："要想改变现状，首先要改变你自己。”亚娟很困惑，说：“但是我真的完全不知道问题出在哪里？”“问啊，要想让别人从你这里购买保险，首先要让他们接受你。你就要了解，他们眼中的你有哪些缺点和优点，从而才能扬长避短。”

销冠一语惊醒梦中人，亚娟突然意识到问题出在哪里了。她当机立断，马上放下手中毫无进展的工作，开始挨个打电话询问那些认识她的人：“你们觉得我的缺点在哪里？有没有什么优点？”如此持之以恒地问完了身边所有熟悉的人，亚娟发现自己有一个致命的缺点，就是不喜欢笑。这无疑是缺乏亲和力的根源，也会导致与客户接触时无法得到客户的信任。当然，除此之外还有很多问题，亚娟全都细心地记录下来，逐条改正。最终，亚娟在短短的一周时间里就发生了初步的改变，后来又在工作的过程中不断完善自我。虽然在试用期内亚娟还是没有成功签约，但是她很愿意继续留在公司不要底薪地维持工作。在试用期结束后的第一个月，亚娟就成功签约三个保单，她直接成为公司的正式员工。

如果从不知道改变，而只是一味地苦恼，亚娟的工作依然不会有任何进展。正是因为销冠的提醒，亚娟才意识到自己是需要不断改变和完善自我的，因而脑洞大开，一下子就找到了问题的关键所在。世界瞬息万变，包括我们的生活和工作，也随着不断地发生变化。以不变应万变已经成为历史，我们唯有主动求变，才能更好地适应现代社会，也才能不断完善和提升自己。

对于客观存在的世界，曾经有位名人说，假如你不能改变世界，你可以改变自己。的确，很多客观的存在是无法改变的，但是我们的心却可以随时调整。每个人都是自己灵魂的主人，只要我们愿意，就可以随时随地处于变化之中。如果你不想在人生之路上被淘汰出局，那就只能选择以主动改变应对客观世界的改变，从而避免被动改变的尴尬和无奈。

你知道苹果里藏着五角星吗

每次吃苹果，你是不是都遵循着先洗，再削皮，最后去掉根部和花蒂的顺序？假如你的回答是肯定的，那么恭喜你，因为你已经OUT了。你大概不知道，自从有人无意间从苹果中发现了五角星，切苹果的方法已经被彻底颠覆。如今，越来越多的人热衷于欣赏苹果里的五角星，所以主动淘汰了自己陈旧的对待苹果的方案，改为以新方案征服苹果之心。那么，你是从什么时候知道苹果中藏着五角星的呢？千万不要告诉我，你此时此刻刚刚知道。既然已经晚了，也就别再晚了，现在就放下书去拿起苹果，拦腰横切吧，相信你一定会有小小的惊喜！

人是有思维定势的，对于很多常见的问题，人们总是懒于思考，而习惯性地因循守旧，依然用此前验证过无数次的老方法去解决问题。当然，这么做是很稳妥的，毕竟前人无数的成功经验告诉我们这么做不会闯祸。但是这么做也是很枯燥乏味的，因为解决问题的方法就此停滞不前，在时代飞速发展的今天，它始终处于凝固静止的状态。不管是对于个人，还是企业，甚至是民族或者整个国家而言，这样的墨守成规、因循守旧，都是致命的。

公元前323年的冬天，亚历山大率领大军，来到了遥远的亚细亚。当时，他首先来到弗吉尼亚城，并且去看了那个著名的绳结。

弗吉尼亚城位于亚细亚，城里流传着一个著名的预言。原来，早在几百年前，歌迪亚斯王就曾经在牛车上系了一个结构巧妙、特别复杂的绳结，而且他曾经昭告天下，说能够解开这个绳结者，将会成为亚细亚的统治者。从那以后，就有很多人不远千里地赶来，瞻仰歌迪亚斯王的绳结。但是不管他们多么认真细致，都无法找到绳结的头，就更别提解开绳结了。为此，很多人只是为了满足自己的好奇心来到这里，对于亲手解开绳结根本不抱任何希望。和大多数人一样，亚历山大对这个著名预言也心怀好奇，因而特别派人带着他去观瞻绳结。亚历山大对着绳结凝视良久，也同样找不到绳头，心中油然而生对歌迪亚斯王的敬佩之情。然而他又转念一想，既然不能解开绳结，为什么不能用利剑将其劈开呢！歌迪亚斯王可没有规定解开绳结的方式啊！想到这里，亚历山大毫不犹豫地拔剑出鞘，对准绳结稳准狠地一剑下去，绳结应声而开。就这样，这个几百年来困扰了无数人的神秘之结，被打开了。

面对着几百年来无人能解开的绳结，亚历山大只拔剑出鞘，手起剑落，就轻而易举地解开了绳结。其实并非是亚历山大多么聪明睿智，而是他改变了思维方式，换了个角度思考问题，最终也出奇制胜，一招制敌，就这样打败了歌迪亚斯王的巧妙用心。

不得不承认，思维具有很大的惯性。在通常情况下，一旦人们习惯了某种思维方式，就很难改变。然而，时代却要求创新，我们唯有突破思维的局限，让思维变得开阔，才能引领自身不断奋进，朝着更高的境界迈进！正如一位名人所说的，人最大的敌人就是自己，当我们突破自身的局限和桎梏，就会觉得豁然开朗。朋友们，从现在开始就加倍努力吧，不要让自己的心禁锢于囚笼之中，更不要让自己的人生因此而局促不安！

巧妙打开思路，才能拥有未来

现代社会是信息大爆炸的时代，顺应时代发展的潮流，也涌现出很多类似于“金点子”的创意公司。不得不说，现代社会的人们更加关注创新，也希望能够打开思路，赢得更广阔的人生空间。然而，在现实生活中，却有很多人已经习惯了随波逐流。他们非常麻木，只愿意跟随常规的思路行事，很少主动想到应该努力创新，积极求变。不得不说，这样的人生是很难取得突破性进展的，只会让人拘泥于陈旧迂腐的生活之中，甚至导致生活缺乏新鲜血液的注入。

很久以前就曾有人说过，在商场上，假如一件事情有很多人都跟风去做，那么就已经失去了先机。在大多数情况下，一个真正的好创意、金点子，只有在大多数人都表示反对，而只有少数人对此持有赞同和支持的态度时，才是真正的好创意，才是真正能够帮助人们实现命运转折的金点子。这就是时机。古人都说凡事要讲究天时地利人和，更何况是已经进入信息时代的现代社会呢！要想让自己的人生取得突飞猛进的发展，要想让自己的进步更加神速，要想让自己做起事来事半功倍，我们就必须积极地改变思路，找到成功的最佳路径。从这个意义上说，我们只有巧妙地打开思路，才能真正拥有创新、进取的未来。

生活中，常常有人抱怨命运不公平，客观条件太恶劣。实际上，客观存在是很难改变的，我们与其花费宝贵的时间来抱怨，不如积极调整思路，改变态度。心若改变，整个世界也会随之改变，这句话是很有道理的。细心的人会发现，古今中外，大凡成功人士，无一不是具有先进的思路。正是正确的和有前瞻性的思路，才能引领人们在前进的道路上始终保持正确的方法，及时校正自己的方向，从而才能让人生插上翅膀，飞跃重重艰难阻碍，获得成功。

作为一家知名房地产经纪公司，欢喜家无疑已经取得了很大的成功，因为他们在以北京为首的几个一线城市中，成交占比已经高达40%。这样的占比，使得他们几乎处于半垄断的地位，没有任何公司能够与他们抗衡。在这种情况下，欢喜家的老板左军却突然改变思路，提出在整个公司内进行全面整改，并且提出了绝对遵守真房源的理念。在当时的市场情况下，左军提出的真房源不但指店面房源真实，而且也指网络的线上房源同样保证真实。这就意味着在以超低房价和假图片吸引客户的大背景下，欢喜家所有的经纪人都必须发布高于网络价格的真实价值，无疑，在短时间内，他们网络上的房源会因为价格缺乏竞争力、图片缺乏吸引力，而导致流失大量客户。

刚开始时，很多一线工作的销售人员都很难理解左军的决定，甚至带着排斥和抵触的心理对待工作。他们之中也不乏有些人顶风作案，依然偷偷地发布价格低廉、图片抢眼的假房源，但是公司清查力度超出了他们的想象，新规公布的短短一个星期里，就有几十名员工被开除了。这样严厉的执行力度，使得留下的员工们全都严格遵守公司制度。一段时间之后，曾经被网络上的客户抛弃的现状渐渐改变，由于大家认识到虽然欢喜家发布的房源价格高，但是没有任何谎言的成分，全都是真实有效的，这极大地节省了客户从网络上良莠不齐的信息中筛选和甄别的时间，因而很多客户都变成了欢喜家的忠实客户。尝到甜头们的员工都开始佩服左军的高瞻远瞩，而整个二手房市场，也因为左军协同欢喜家全体员工的榜样作用，被肃清了风气。

在这个事例中，左军原本已经带领欢喜家取得了很好的发展，却又与时俱进，及时改变思路，成为行业的领先者，不但为整个行业带来了新风气，也给真正需要买房的客户创造了极大的便利。对于这样一家良心企业，无疑是让人钦佩的。也正是因为左军的带头作用，和先进的思路与理念，所以欢喜家才能发展得更好，获得更多客户的认可和忠诚对待。

不管对个人，还是对企业来说，思路的开阔都是非常重要的。任何时候，闭塞的思路都会使人思维守旧，行为落后，当然也就无法做到与时俱进，更不可能取得良好的发展。很多时候，人们一旦遇到挫折，就会自我鼓励要坚持不懈。实际上，如果努力始终没有成果，最好的办法是积极进行自我反思，以打开思路，让自己的想法和创意更加超前，这样才能抢占先机，更好地面对人生。在这个世界上，任何东西都不会是静止不动的。我们只有不断进取和创新，才能跟上时代的脚步，成为时代的领军人物！

漫漫人生也需要加油

当你独自开车去遥远而又偏僻的地方时，你一定会先在进入偏僻地段之前，先为自己的车子加满油，甚至还会用汽油桶为自己储备几桶油。否则，一旦车子因为汽油耗尽而停下来，那么它就将无法成为你的有用工具，而会变成你的拖累。现实情况的确如此，汽油好比是车子的食粮，就像人每天都需要吃三顿饭一样，车子也必须定时加油，才能在你需要的时候疾驰如飞。其实，人生也如同汽车一样，也是需要加油的。很多人都觉得自己的人生疲惫不堪，很难加足马力勇往直前，而只能慢慢吞吞地如同蜗牛般行进。其实，这是没有及时加油的缘故。

也许有人会说，我的人生加油了呀，我每天都吃很多美味的食物，而且营养全面又丰富，怎么会没有加油呢！你别忘记，马斯洛的需求层次理论中，维持生存的需求仅处于最底层，除此之外，人还有更多更高层次的需求需要满足呢！人活在这个世界上，绝不仅仅只是活着，而还要追求精神上的满足。为了帮助自己实现人生的理想和目标，我们除了要维持基本的生存需要之外，更要不断地充实自己，为自己的人生加油，这样才能开足马力，朝着梦寐以求的终点全力奔去！

现代提倡活到老，学到来，提倡终生学习，其实也是在告诉人们，应该保持积极进取的状态。永远不要觉得自己的人生只需要在学校中短短十几年的学习就足够了。现实是很残酷的，激烈的竞争要求每个人都要时刻保持学习的好习惯，否则就会被时代所淘汰。当然，现代社会的学习范围和形式也变得不拘一格，并非只有在学校里才能学习，学习有很多种形式，也可以随时随地进行。利用工作之余的时间参加各种培训班，学习自己用得上的技能等，是一种学习；平日里多多读书，看有益于人生的书，开阔眼界和思维，也是一种学习；三人行必有我师，向他们学习也是一种卓有成效的学习……总而言之，处处留心皆学问，有心之人在生活中总能学到很多知识还有待人处事的道理。任何点滴的学习，对于我们的人生都将会是非常宝贵的经验和沉淀。从现在开始，就让我们用心学习吧！

小雅高中毕业后就辍学了，因为她的父母身体都不好，只能勉强务农，所以家里根本没有多余的钱供她上学。后来，小雅跟随同村的小姐妹们一起去南方的服装厂打工，成为了流水线上的一名工人。工作是很辛苦的，几乎每天都要工作十几个小时，为此，小雅觉得心力憔悴。看着小姐妹们逆来顺受的样子，小雅却很不甘心，她暗暗想道：我不能这样度过一生，我必须改变自己的命运。为此，她每天都利用短暂的休息时间用功复习高中的教材，居然在一年后顺利考取了一所名牌大学的函授课程。从此，她一边工作，一边努力读书，用三年的时间学习了大专课程。因为每天都在和服装打交道，小雅渐渐对服装设计也产生了兴趣。为此，她在获得专科学历之后，就开始自学服装设计。一个偶然的机会，小雅投稿的一篇服装设计图居然中奖了。这样一来，小雅在工厂里也出了名。

后来，设计部的主管亲自来邀请小雅加入设计部，小雅简直受宠若惊，她难以相信地问："我真的能成为设计师吗？可是我并不是大学生……"说着，小雅羞愧地低下头。设计部主管却带着笑容鼓励小雅："设计讲究的是想象力的创造力，而不是学历。只要经过基本的培训，能够把自己的所思所想和新鲜创意表达出来，你就可以成为一名设计师。你知道吗，我已经把你的获奖作品推荐给厂里的相关负责人，也许会批量生产呢！到时候，你会得到一笔奖金，通过自己的努力，你改变了自己的命运。"就这样，小雅居然一下子成了人人羡慕的设计师。此时此刻，她没有骄傲，而是暗暗下决心要更加倍地努力，提升和完善自己，让自己成为一名真正的设计师。

在这个事例中，作为一名普通而又平凡的流水线工人，小雅正是凭借积极进取的学习精神，才成功改变了命运。所谓活到老，学到老，并非要求我们要放下工作留在校园里学习。很多人因为各种原因，或者家境贫寒，或者工作忙碌，根本无法继续在校园里学习，那么不如像小雅一样，把学习贯穿于自己生活中的每一分每一秒吧。当你开始用心对待人生，努力拥抱学习时，你就能够更加迅速地获得进步，并且彻底地改变自己的命运。

任何失败的人，都是因为没有抓住千载难逢的好机会，而机会恰恰是留给有准备的人，学习就是我们对于人生最佳形式的厚积薄发。人生处处皆学问，就算是想要做好一道美味的菜肴，也需要我们非常用心地钻研。由此可见，生活无小事，对每件事情都认真严谨的态度，才能帮助我们收获成功的人生。假如你自从离开校园之后就很少读书了，那么不如从此时此刻开始，努力学习吧。只要你愿意学，知识的海洋是永无止境的！

第07章 不断走出困境，才能让人生豁然开朗

人生没有一帆风顺的，任何人都必须经过苦难的磨炼，才能更加充实丰盈，也才能更加坚定。这就像是打牌，没有人每次都能拿到一手好牌，即便我们不停地祈祷和渴盼，坏牌也总会不期而至。面对人生的各种不如意，甚至是艰难的处境，唯有保持一颗坚定不移和百折不挠的心，才能突破困境，使得人生豁然开朗。

苦难是一座围城，必须层层突破

细心的人会发现，很多天才都经历了诸多苦恼，诸如梵高、贝多芬等，无一不在人生中饱尝苦难的滋味。难道苦难特别青睐天才吗？还是天才尤其热爱苦难的煎熬和历练呢？对于这个问题仁者见仁，智者见智，很难说得清楚。但是有一点是肯定的，即唯有在苦难面前从不屈服的强者，才能战胜苦难，让自己的人生更加开阔。

虽然很多人都抱怨命运的不公，但其实命运还是很公平的。它在某些方面青睐某个人，又让这个人在其他方面有所欠缺。不相信的话你看，在这个世界上根本没有十全十美的人。有些人虽然容貌姣美，却身材弱小；有些人虽然在音乐方面独具天赋，在其他方面却显得很弱；还有些人前半生顺遂如意，人到中年却遭遇突然的打击，使得后半生穷困潦倒。所以，我们一定不能贪心，而要怀着感恩的心对待人生的诸多境遇。即便遭遇苦恼，也要咬紧牙关渡过难关，唯有突破苦难的围城，才能还给人生自由和奔放。当你调整自己的心态，更加积极乐观地面对人生时，你会发现很多难题都已迎刃而解，苦难也并非不可承受了。

作为一名跳水运动员，乔尼原本是水中的精灵。然而，命运总是和人开

残酷的玩笑，在一次跳水过程中乔尼发生了意外，导致颈椎受伤，她全身脖子以下完全失去知觉，瘫痪在床。乔尼根本无法接受这样的残酷安排，她一次又一次幻想着如果这个意外事故没有发生，她的人生将会如何美好。然而，幻想是不能改变现实的，看着瘫痪在床的自己，她心如死灰，甚至产生了轻生的念头。在家人和朋友的不断劝解和开导下，乔尼逐渐意识到生活总要继续下去，也开始冷静接受现状，慎重思考人生。

乔尼开始阅读那些鼓舞人奋发向上的书籍，为了自主翻动书页，她用嘴巴夹住小竹片，起到翻页的作用。即便是对于正常人无比轻松的读书行为，在乔尼身上也进行得万分艰难。最终，乔尼从书中汲取了强大的精神力量，意识到现状已经不可能改变，一味地沉湎于懊悔之中，只会让她的人生更加糟糕。因此，她想起自己曾经很喜欢画画，便开始尝试着用嘴巴画画。为了保护乔尼已经严重受伤的身心健康，很多人都劝阻她不要尝试，但是乔尼义无反顾，她必须找到属于自己的人生之路。在吃了无数的苦头，进行过无数次的努力之后，乔尼的画居然得到美术界的一致好评。这时，乔尼又动了写作的念头，她想把自己人生的感悟和所得与读者一起分享。然而，命运之神并不因为乔尼曾经吃足了苦头就特别照顾她，乔尼写了很多，都没有成功。但是她毫不气馁，更不放弃，直到1976年，她才出版了自传《乔尼》，在文学界引起了极大的反响。从此之后，她在文学的道路上不断进取，最终她的作品还被改编为电影搬上荧幕。不得不说，乔尼用她的苦难铸就了人生的辉煌。

难道命运很青睐乔尼吗？当然不是。乔尼之所以最终获得成功的人生，完全是因为她不遗余力地突破苦难的围城，使得自己的人生豁然开朗。实际上，我们虽然看起来也许比乔尼幸运，至少还有健全的身体，也或者你会觉得比乔尼的命运更加悲惨，但是这都不是最重要的。最重要的是，我们也要和乔尼一样拥有面对苦难的勇气，并且能够在苦难到来的时候，挺起腰杆傲然站立，绝不轻易而又随便地屈服。只要生命尚存，生活就总要继续下去。在这种情况下，与其抱怨命运，排斥苦难，不如张开双臂坦然迎接苦难，这样才能让我们保持平静理智的心态，从而更加坚强勇敢地面对苦难，突破苦难的重重围城，创造属于自己的人生辉煌。

失败终究会成为最坚固的盔甲

面对失败，人们总是显得无比脆弱，似乎不管怎样的失败都是人生不能承受之重，而我们能够欢欣接受的唯有成功。实际上并非如此，每个人的内心都是非常坚强和有韧性的。当我们觉得自己可以承受时，我们就真的能够承受失败的打击，当我们告诉自己一定要坚强和乐观时，我们甚至还能把失败变成自己的盔甲，让自己成为永远不会被打倒的巨人。

虽然人人都说失败是成功之母，但是在真的面对失败时，很多人都无法坦然接受。在一次又一次失败的过程中，他们的信心渐渐减弱，最终消耗殆尽，甚至不得不放弃。而那些成功的人之所以能够获得成功，就是因为他们具有百折不挠的顽强毅力，即便在失败面前，也能一再地坚持，直到成功到来。很多时候，成功并不是在平坦的大道上等着迎接我们，而是会在狭窄崎岖的羊肠小道的拐弯处，悄悄潜伏在那里，等着真正有恒心有毅力的强者的到来。由此可见，很多人之所以一事无成，并非他们能力不足，而是因为他们放弃得太早。假如有人坚定不移地告诉他们只要再坚持一次就能成功，他们一定不会与成功失之交臂的。遗憾的是，大多数人都在成功即将到来的前一刻选择了放弃。所谓笑到最后的人才是笑得最美的人，这也就要求我们不管做什么事情，都必须坚持不懈。那些轻而易举就放弃的人，是永远不可能取得成功的。

纵观古今中外，任何伟大的科学家、发明家，都曾经遭遇过无数次的失败。爱迪生发明电灯，尝试了几千种原材料，进行过上万次实验，最终才找到相对满意的灯丝材料；牛顿提出万有引力定律，也并非只是因为那个不期而至掉到他头上的苹果，而是在此之前已经进行了漫长的思索和考虑……总而言之，这个世界上没有一蹴而就的成功。如果你真的想要成为拥抱成功的强者，那么你首先需要做的就是学会接受失败，学会踩着失败的阶梯朝着成功的巅峰努力攀登，学着换一个角度看待失败对你的作用，学着让自己在失败面前也保持积极乐观的心态和永不放弃的进取精神。

危机时刻，你更要保持警醒

每个人都希望自己的人生顺遂如意，最好能够凡事都顺利圆满，然而，这样的人生只存在于理想的乌托邦之中，现实生活中是不可能时时处处都如愿的。大多数人的人生，都是充满了坎坷和挫折，甚至有的时候还会因为突然面临的危机，而不得不手忙脚乱。对于这样的人生，疲于应付的人多，从容应对的人少。面对危机，千万不要主动放弃，觉得自己已经无计可施或者手足无措。在通常情况下，越是危机出现的时刻，也越是容易出现转机的时刻。我们只有摆正心态，牢牢把握自己的命运，才能最终摆脱危机。从这个意义上说，危机就像是成功和失败之间的一道门槛，人们常说鲤鱼跳龙门，其实每个人又何尝不需要跳过这道危机的门呢！

古人云，山重水复疑无路，柳暗花明又一村。在西方社会，也有人说当上帝为你关上一扇门时，必然也会为你打开一扇窗。还有人说假如你因为错过太阳而哭泣，那么你就连群星也错过了。这些富有哲理的话都在为我们揭示一个看似浅显实则深刻的道理，即这个世界上没有绝对的危机，只要我们勇敢地面对和迎接危机，就能发现危机背后隐藏的转机，从而使自己勇敢地应对生活中的各种危机，提升自我，突破自我，超越自我。

当然，生活中也不乏掩耳盗铃之人，在危机到来时，他们一味地自欺欺人。尽管知道危机的存在，他们却宁愿采取鸵鸟的战略把头埋在沙坑里，也不愿意直面危机。这么做的严重后果就是，最终他们将错失弥补失误以度过危机的最佳时机，不得不承受更大的损失，甚至是致命的打击。总而言之，每个人都要树立正确的危机意识，更要以正确的方法应对危机。危机并不会因为我们的视若无睹就消失，我们只有直面危机，接纳危机，以积极乐观的态度面对危机，才能彻底摆脱危机。

在竞争者如同雨后春笋般层出不穷的加湿器市场上，曾经以加湿器的经营为主的某厂商，如今面临非常严重的经营危机。高层领导们全都齐聚一堂，这已经是他们在短短的一个星期内第四次召开会议了，每个人都深刻意识到如果不能做到马上改变，也许迎接他们的就将会是彻底地灭亡。然而，他们讨论的话题一直都在围绕如何改变加湿器的外观和性能进行，突然，有位高管说："为什么咱们必须生产加湿器呢？我记得曾经陪我的妻子去美容院，我发现美容院的喷雾器也和加湿器类似，那么咱们既然有丰富的生产加湿器的经验，也就应该可以生产出家用的喷雾器啊，这样爱美的女人们随时随地都可以为自己的面部做SPA，我想这个产品一定会大受欢迎……"这位高管的话音刚落，其他人似乎全都脑洞大开，他们马上议论纷纷："是的，是的，我爱人也经常去美容院蒸脸……""要是在家里就可以做面部SPA，那可是我们爱美女性的福音啊，我肯定第一个买！""这可真是个好主意，我们为什么不现在就去做呢！"最终，这家以生产加湿器为主的工厂，改为生产女性家用蒸脸器，而且因为看好这个巨大的市场和广阔的前景，他们还成立了专门的销售部，负责大量批发和零散销售。就这样，他们的生意变得空前火爆，也因为抓住时机走在了每一个同行的前列，他们狠狠地赚了一大桶金。

在这个事例中，因为意识到危机的存在，所以工厂的高层领导者一直在开会研讨对策。不得不说，对于瞬息万变的市场行情，他们的反应还是非常及时的。正是因为及时应对，又加上其中一位高管出的好主意，所以他们的转型非常成功，很快就作为行业领头羊占领了新的市场。不得不说，正是因为危机意识，他们打了一场非常漂亮的翻身仗。

不管是个人还是企业，在面对自身发展的时候，都应该保持理智客观的心态和警醒的态度。唯有如此，才能在日新月异的社会发展中找准自身的位置，从而也避免被淘汰的厄运。所谓塞翁失马，焉知祸福。面对危机，千万不要盲目地悲观绝望，而应该从自身情况出发，及时做出应对，正如人们常说的，困难像弹簧，你强它就弱。危机也是如此，只要我们具有一定的危机意识，能够在危机到来的时候从容应对，就能够逢凶化吉，把危机变成转机，变成时刻警醒我们的警钟。

条条大路通罗马

人活一世，总要不停地面对生活给我们出的诸多难题。很多人墨守成规，总是以旧的思路看待问题，导致自己始终无法跳出因循守旧的怪圈，也使得问题无法得到圆满的解决。实际上，现代社会提倡创新思维，主张人们根据各种情况灵活应变。我们与其守着一成不变的思路愁眉苦脸，不如大胆地打开思维的怪圈，让自己灵机一动，去解决问题。所谓条条大路通罗马，对于生活的很多难题，都未必只有一种解决办法。即便是让人瞠目结舌的奇怪想法，只要我们真的去做了，就一定会有所成效，甚至以奇特的方式解决了问题。

近些年来，图书市场特别流行关于“脑筋急转弯”的书籍，不但图书公司乐于出版，读者朋友们也很愿意买单，这是为什么呢？其实所谓的脑筋急转弯就是思路大转弯，那些思维陈旧的人很难答脑筋急转弯题，相反思维受到局限较少的孩子反而对脑筋急转弯题有更好的表现。这种现象充分说明一个道理，即我们思维的囚牢已经太坚固了，必须尽快、尽早打破，才能如愿以偿地使脑洞大开。作为全世界花园城市的新加坡，很多人都喜欢去那里旅游，甚至还有人因为喜欢新加坡的环境，而选择去那定居。殊不知，在若干年前，新加坡只是一个名不见经传的小国家，甚至连拿得出手的旅游景点都没有。当时，新加坡的旅游局局长向总理李光耀抱怨：“埃及有金字塔，日本有富士山，中国有万里长城，夏威夷有浪漫的大海，唯独我们国家什么都没有，不但没有悠久的历史古迹，也没有一年四季的风景秀丽，有的只是直射的阳光，这样一来旅游业怎么可能繁荣发展呢？”李光耀听了之后什么都没说，只说：“阳光是上帝给予我们的最大恩赐！”后来，旅游局局长果然利用新加坡一年四季都非常煦暖的阳光，大量种植奇花异草，最终把新加坡变成了举世闻名的“花园城市”。不得不说，思维决定出路，也决定了一个人甚至是一个国家发展的方向。当思维发散开来，我们的人生和命运也就不再受到任何局限。

作为这家啤酒厂的销售总监，小马不但在厂里是赫赫有名的大名人，在整个行业内，也是有一定名声和威望的。原来，小马曾经成功策划过一次啤酒节，从而给滞销的啤酒打开了销路，是厂里的大功臣，也为其他同行提供了有效的借鉴。

那一年，啤酒厂的生意特别不好，经营惨淡。为了扩大销路，厂里的各层领导几乎想尽了办法，却都没有明显效果。就在这时，刚刚进入啤酒厂工作的小马提出了一个大胆的想法，即举办第一届啤酒节，进行各种竞赛，还提供丰厚的奖品。最重要的是，要把啤酒节办得有特色，能够吸引人们前来游玩，哪怕不买啤酒，也可以当成是一次旅游休闲。原本领导对投入这么大的活动很犹豫，最终在看了小马提供的可行性报告之后，领导也觉得与其把钱花在广告上，送给各大媒体，不如以这样的方式吸引媒体免费为自己打广告，又能娱乐客户，何乐而不为呢！就这样，在经过半年多的准备之后，啤酒节盛大开幕了。因为是第一年举办，所以只有当地的客户来到了现场，外地的客户则很少。不过啤酒节还是获得了极大成功，在随后举行的第二届啤酒节上，有很多慕名而来的外地游客。到了第三届啤酒节，全国各地很多人都来参加啤酒节。至此，啤酒节取得了重大成功。

经过三届成功的啤酒节，小马不但帮助厂里顺利打开了销路，也使工厂的啤酒品牌从二线上升到一线。虽然他们一分钱广告费也没有花，但是因为这个节日的独特、新颖和号召力、影响力，那些媒体反而蜂拥而至，争相报道，可谓一举数得。不得不说，这就是创新思维的独特魅力，它能够帮助我们在面对尴尬的境遇时，反其道而行，想出完全出人预料的好办法。

假如你会打麻将，你就会发现有一个奇特的现象，即越是刚刚学会打麻将的新手，越容易获胜。究其原因，是因为他们打起麻将来毫无章法，发出去的每一张牌也总是出乎对手的意料，从而让那些经验丰富的对手完全摸不准他们的脉搏，最终只能任由他们随心所以地出牌。相反，那些经验丰富的人则完全不是这个套路，他们总是千算万算，最终机关算尽太聪明，反而中了别人的圈套，输掉牌局。人生也是如此，面对人生中的重重磨难和苦难，我们完全没有必要因循守旧，而是可以推陈出新，出其不意，攻其不备。当你把自己独特的招数——无招运用得得心应手时，你离成功也就不远了。

无所畏惧，才能勇往直前

世界上的每个人，不但脾气秉性不同，为人处世的作风也是完全不同的。正如这个世界上没有两片完全相同的树叶一样，在这个世界上也同样没有两个完全相同的人。正是基于此，这个世界上既有英勇无畏的强者，也有胆小怯懦的弱者，这是完全可以理解的。那么，面对风浪迭起的生活之海，你是想成为勇敢的舵手，还是想成为只会躲在避风港湾的懦夫？相信大多数人的选择都是前者，只不过真正能够做到的人却还是少数。

很多人对事情都抱着“无所谓”的态度，高考落榜无所谓，被女朋友甩了无所谓，孩子学习成绩不好无所谓，自己在单位里毫无成就也无所谓，甚至惹得年迈的父母伤心落泪也无所谓……这样无所谓真的好吗？除非你已经遁入空门，否则活着不就是该有所谓吗？虽然计较太多，在乎太多，会让我们的人生很累，但是假如人生完全没有分量，活着又有何意义呢？归根结底，我们要当一个“无所畏惧”的人，而不是一个对什么都无所谓的人，只有这样才能在人生的大风大浪中乘风破浪，扬帆起航，到达理想的彼岸。

人是很容易受到影响的，尤其是负面影响。在一个团体中，常常会出现一颗老鼠屎坏了一锅粥的情况，也正是基于此。举个最简单的例子，假如团队成员原本正在齐心协力地朝着共同的目标奋进，突然有个队员不合时宜地说："其实输赢都无所谓，我们完全没有必要这么拼命。"在这种情况下，团队里必胜的信念还会坚若磐石吗？答案当然是否定的。相反，假如这个人说："团队里的荣誉就是我们每个人的荣誉，我们既要为团队争光，也要为自己争光。我们一定要排除万难，勇往直前，直到彻底胜利。"在这样的情况下，其他队员一定会更加信心百倍，万众一心。这就是"无所畏惧"的人具有的神奇力量，我们也要成为正能量的传递者，而不要成为团队中的破坏分子。

作为一名电线工人，亨利最近一跃成为部门主管，这都得益于他的奇思妙想。原来，在公司承办的上一个项目中出现了很大的难题，是因为亨利的灵机一动才获得圆满的解决。

当时，他们在为一家写字楼装修，因为线路问题非常复杂。有一个管道不但足足十米长，而且里面还拐来拐去，足足有四个弯曲的地方。在这种情况下，依靠人力的推动完成管线布线几乎是不可能的。眼看着大家愁眉不展，亨利突然想出了一个好办法，他说："我记得做实验用的小白鼠是非常聪明的。这么小的洞，也许只有它们能穿过去。"其他人都不理解亨利到底想做什么，亨利亲自买回两只小白鼠，其中一只是公的，一直是母的。只见他把需要分布的电线扣在那只公白鼠身上，然后又让同事拿着母白鼠在管道的另一端等候着，还叮嘱同事要轻轻捏一捏母白鼠，使其发出吱吱的叫声。果不其然，当亨利放开身上系着电线的公白鼠时，它马上就迫不及待地顺着管道跑去，只花了十几秒钟的时间，就顺利地到达了管道的另一端。由此一来，让所有人都一筹莫展的难题迎刃而解，大家都不由得佩服亨利的机智和果断。

假如亨利也跟大多数同事一样产生畏难情绪，那只会和大家一起愁眉苦脸。最终的事实证明，愁眉苦脸对于解决问题是没有任何帮助的，只有积极地展开思维，思考解决难题的方法，才是最有效的。

现代社会处于发展和革新之中，我们作为社会的一份子，也应该打开思路，让自己的眼界和视野更加开阔，从而与时俱进。需要注意的是，任何难题都有解决的办法，只要我们不放弃积极的思考，最终就能够圆满地解决问题。若你一遇到难题就选择退缩和放弃，则永远也不会卓有成效地解决问题。对于任何问题，我们都应该采取积极的态度，才能占据主动，获得主动权。否则，一味地退缩和逃避是永无出头之日的。人生也是如此，几乎每个人都会在人生中遇到这样或者那样的困难。有的时候，这些困难看起来似乎不可逾越，也使人们产生严重的畏难心理。其实这原本无可厚非，因而畏难心理是人的本性，但是在困难面前我们必须保持冷静和理智，归根结底，人生是没有回头路可走的，这个世界上也根本没有后悔药。我们唯一能做的，就是向前，向前，向前！

第08章 世界上本没有路，走的人多了就成了路

鲁迅先生曾说，这个世界上本没有路，走的人多了也便成了路。如此豁达和坚定勇敢的人生态度，才能支撑鲁迅先生在恶劣的环境中始终坚持斗争，以笔为战斗的枪，为锋利的匕首，在苦难的岁月里绽放理想的光辉。虽然现在是和平年代，但是每个人的人生都是不平静的。我们唯有向鲁迅先生学习，坚定不移地面对充满坎坷和挫折的命运，才能成为生活真正的强者。

梦想照进现实

当人生之舟在漫无边际的大海上航行，倘若是风和日丽、风平浪静还好，如果是电闪雷鸣、狂风巨浪，就很容易失去方向。这就好比人生中遇到了坎坷和挫折，或者付出没有得到应有的回报，或者实现理想的过程中遇到难以逾越的障碍，或者人际关系一片混乱，最终必然使人生之舟失去方向，使人们变得迷惘和悲伤。在这种情况下，梦想就像是茫茫大海上的引航灯，给暗夜之中行驶的船只照亮方向，使它们不管在什么情况下都能保持平稳航行，也能坚定不移地朝着理想的彼岸前进。

有谁的人生会是一帆风顺的呢？尽管每个人的人生都充满风雨坎坷，但是有的人最终获得了成功，相比之下，有些人则一直遭受失败，做任何事情都一事无成，这是为什么呢？其实，并非是他们的能力有着多么大的悬殊，而是因为他们对于梦想的坚定和坚持。心中有梦想的人，不管面对怎样的窘境，始终都能不改初心，坚持风雨兼程。心中没有梦想的人，就像是风雨中的浮萍，常常顺流而下，去往自己也不知所踪的地方。由此可见，我们的人生成功与否，除了天时地利人和之外，很大程度上取决于心态——对于梦想的坚持。

相比起那些有梦想不能坚持的人，有些人则根本没有梦想。他们不管在这

个世界上存在十年还是百年，都是浑浑噩噩的。这样的人生，不得不说是一种莫大的悲哀。记得陈胜在当雇工的时候就心怀大志，对此，那些和他一起当雇工的人们总是笑话他想得不切实际，陈胜却说“燕雀安知鸿鹄之志哉”。事实证明，陈胜后来成就的宏图伟业和人生成就，是他们之中的任何人都无法望其项背的。即使再过几百年，学到中国那个特定时期的历史，我们依然会把陈胜的名字熟记于心。

一个人一生的成就，往往取决于他的心有多高，梦想有多远大。所以，我们说梦想照进现实，梦想也照亮我们的一生。没有梦想的人生是悲哀的，因为失去梦想的指引，人生必然迷惘，也必然消沉低落。要想让你的人生变得与众不同，就从现在开始努力吧！对于任何人生而言，只要开始行动，努力就为时不晚！

在世界上，还有谁未曾穿过牛仔服呢？甚至连小小的幼童，都有款式新颖的牛仔服可以穿着，就更别说成人牛仔服的数量之多了。在诸多牛仔服品牌之中，斯克劳斯与戴维斯无疑是个著名的品牌。不过，虽然很多年轻人都追捧这个品牌的牛仔服，却并不清楚关于品牌创始人斯克劳斯的故事。

因为受到裁缝妈妈的影响，斯克劳斯从小就喜欢服装设计。由于家境贫困，妈妈没有多余的布料供给斯克劳斯练习，只能提供给他一些边角料。即使条件如此艰苦，斯克劳斯依然用这些废旧布料做出了各种款式新颖的小衣服。有一次，斯克劳斯看到父亲从屋顶上撤下来一块遮风挡雨的篷布，居然独出心裁地用其做成了一件衣服，还穿着招摇过市。在当时，根本没有人会用这种粗糙的布料做衣服，因此很多人都对斯克劳斯另眼相看，还有人说他疯了。

那个时候，戴维斯已经是大名鼎鼎的服装设计师了，而且拥有自己的服装设计公司。妈妈看到斯克劳斯如此热爱服装设计，便期望他也能成为像戴维斯一样的服装大师。为此，妈妈建议斯克劳斯去找戴维斯请教和学习，当时刚刚18岁的斯克劳斯初生牛犊不怕虎，居然真的带着自己用篷布制作的衣服来到了戴维斯的公司。虽然大多数人都否定斯克劳斯，但是戴维斯却慧眼识珠，主动邀请斯克劳斯留在他的公司工作。正是在戴维斯的大力支持下，斯克劳斯开始全心全意地设计粗布衣服。在最初的时候，因为大众不认可也不接受，他设计生产的粗布衣服大量积压在仓库里。在这个艰难的时刻，一向支持斯克劳斯的戴维斯也动摇了。然而，斯克劳斯根本不理会这些反对的声音，他坚信自己的梦想一定能够成真。机缘巧合，斯克劳斯把自己生产的粗布衣服运到非洲，居然得到了非洲劳工的欢迎，那些粗布衣服很快就被抢购一空。从此，斯克劳斯打开了人生的新局面。在此后的日子里，他根据布料特点不断改进，很快就生产出专门针对旅游者的粗布衣服，而且得到了旅游者的追捧。就这样凭着自己一步一步地努力，斯克劳斯越来越接近自己的梦想，最终他设计和生产的粗布衣服得到了大众的认可和好评，这就是后来风靡世界的牛仔服。

如果没有坚持，如果轻易放弃，斯克劳斯也许一生都不会实现自己的梦想。正是因为对梦想坚定不移的信念，他才能在各种艰难的环境中不忘初心，最终成就了自己的梦想。毋庸置疑，对于任何一个成功者而言，梦想的作用都不可取代。假如没有梦想的指引，这个世界上一定会有更多的人与成功失之交臂。

思想是行动的指引，更是行动的纲领，我们唯有坚定自己的梦想，并且以顽强的毅力实现梦想，才能成就人生的辉煌。在实现梦想的过程中，我们一定会遭遇坎坷挫折和磨难，轻易放弃的人是不会获得成功的。当然，我们还需要注意的是，只有梦想是不够的，唯有坚定梦想，且在最短的时间内坚定不移地把梦想变成现实，展开切实的行动，我们才能距离实现梦想越来越近。

望梅止渴，不如摘梅解渴

东汉末年，曹操率领大军攻打张绣，因为一路急行军，再加上骄阳当顶，所以全体将士全都又累又渴，疲乏不堪。当时，大军正在荒山野岭之中，前不着村，后不着店，一时之间也找不到水源饮用。看到将士们被太阳晒得蔫头耷脑，而且似乎浑身疲软，曹操心急如焚。为了帮助大家解渴，曹操扬鞭策马，疾驰到附近的一处高岗上，想要看看附近有没有水源。然而，他看到的却是一大片干涸的土地，这可如何是好呢？他突然灵机一动，佯装惊喜地喊道："太好了，前方居然有梅林，大家快走啊！只要到了梅林，就可以吃酸甜可口的梅子啦！"这个消息马上让军心大振，全体将士立马精神抖擞，似乎全身都充满了力量，朝着曹操所指的方向飞奔而去。曹操自己一想到梅子，也马上口舌生津，焦渴的感觉似乎没有那么强烈了。在这个故事中，曹操的战略非常成功，不但帮助将士们成功战胜焦渴，而且也使得大军行进速度大大提高。在很多情况下都可以使用望梅止渴的方法，起到心理安慰的作用。不过现代社会凡事都讲求效率，假如依然这样望梅止渴，画饼充饥，自欺欺人，就会贻误战机。

当然，在凡事讲究效率的现代社会，遇事理应马上展开行动，才能积极把握自己的人生。要知道，天上是永远不会掉馅饼的，在任何情况下，我们都必须依靠自己的真才实学打天下，都必须依靠自己的能力创造精彩人生。总而言之，与其望梅止渴，不如摘梅止渴，只有切实展开行动，才能让一切事情的局势更加明朗，也才能成功把握人生的主动权，成为命运的主宰！

一直以来，丁桥都想要成为大老板，这个梦想在他读大学时就存在了。所以，大学毕业之后，他没有像大多数同学那样积极地找工作，而是这山望着那山高，只想找到一个一步登天的好营生。

因为资金有限，丁桥先是开了一家淘宝店。然而一天二十四小时扑在上面，他也没有得到梦寐以求的收获。后来，丁桥又从爸爸妈妈那里筹集了很多资金，开了一家经营艺术品的店铺，最终的结果依然不尽如人意。随后，丁桥又做了很多能够成为大老板的生意，都以失败而告终。眼看着家里所有的钱都被丁桥搭了进去，爸爸很担忧，整日满面愁容。有一次，爸爸无意间看到一则寓言故事受到启发，因而一本正经地对丁桥说："桥儿，爸爸妈妈当然也愿意你成为大老板，不过咱们家的确是任何积蓄都没有了。我建议你先积累一段时间的资金，再东山再起吧！"丁桥遗憾地说："可是爸爸，我坚信我只要再尝试一次，就能获得成功。到时候，我不但要给你和妈妈买别墅，买豪车，还要带着你们周游世界。"爸爸无奈地笑了，说："那当然好。不过，我们现在的当务之急是先解决温饱问题，不然等到你真的发财了，爸爸妈妈早就饿死了。

你愿意先去踏踏实实地工作，帮助我和妈妈维持正常生活吗？”丁桥认真想了想，觉得爸爸说得也有道理，最终在爸爸一个战友的帮助下，找到了一份销售的工作。因为想着积攒够资金之后就能重新开始，丁桥对这份销售工作非常用心和认真。他很快就成为公司里的销冠，不但得到了领导们的一致认可，而且还赚到了很多薪水。几年之后，当爸爸再次提起丁桥的创业史，已经成熟起来的丁桥不好意思地说：“爸爸对不起，我的好高骛远拖累了你和妈妈。放心吧，我以后一定脚踏实地地工作，我觉得我已经找到了人生的方向。”

在挖掘人生第一桶金的过程中，丁桥好高骛远的心渐渐归于平静。他很清楚地意识到，没有经济基础，一切梦想都是水中花、镜中月，而且也意识到唯有脚踏实地地工作，才可能不断进步，获得成功。

生活中从来没有不劳而获的事情，成功也不会一蹴而就。不管我们把梦想定得多么高远，都必须脚踏实地地从点滴做起，才能积少成多，最终实现伟大的梦想。对于那些总是想要不劳而获的人，命运向来都很吝啬。与其抱怨自己得到的太少，不如从现在开始更加努力地付出，相信当你坚持付出之后，就会发现成功其实并不难。成功之路也恰如学习，聚沙成塔，才能最终平地起高楼。退一步而言，即使奋斗之后没有得到理想的结果，我们也会为自己的付出和努力，而感受到人生的充实。朋友们，如果你现在还在望梅止渴，就一定会被时代淘汰。从现在开始，当机立断开始行动吧，摘梅止渴，我们的人生才能迈出脚踏实地的一步。

如果狼真的来了，你怎么办

人生难免会面对各种各样的困境，甚至是难以逾越的艰难阻碍，在这种情况下，你是选择退缩和放弃，还是选择迎难而上？其实更多的人在这道选择题前，都选择了奢望得到他人的帮助。当一个人把无尽的希望都寄托在他人身上时，恰恰证明了这个人自身的软弱。偏偏生活中有很多这样的人，他们对自己缺乏信心，一旦遇到困难，就希望得到贵人相助。殊不知，当你奢望得到贵人相助时，说不定你的贵人也正在祈祷着你成为他生命中的贵人呢！

渴望得到帮助和救援，是人的天性。尤其是在遇到困难时，或者身陷绝境时，人们都会无计可施，手足无措。在这种心态的影响下，他们往往不会主动地做什么以挽回后果，而是会更加怀疑自己的能力，否定自己，陷入被动的等待之中。然而，当你盼星星盼月亮地也等不来别人的帮助时，却白白贻误了时机，导致事情已经发展到无可挽回的地步，岂非更加糟糕吗？明智的人从来不会盲目地把希望寄托在他人身上，任何糟糕的情况一旦发生就成为无可改变的客观存在，因而除了及时补救和应对之外，几乎没有更好的选择。

每个人在社会生活中承担的角色都是不同的，同一个人也承担着各种不同的角色。如果狼来了，你如何拯救自己呢？你是呼喊求救，还是像义无反顾地英雄一样挡在妻儿的面前，亦或者是选择逃避和畏缩？每个答案都有其不尽如人意之处，其实你选择以何种面目面对凶猛的狼并不重要，重要的是你以怎样的姿态完成自己的人生使命。

曾经有位名人说，人最大的敌人是自己。其实不管面对什么情况，我们唯独战胜了自己，战胜内心的恐惧和纠结，才能从容以对。从现在开始，就让我们更加理智地面对狼来了，不管喊的人是你，还是他人，你都要坦然面对和遵从自己的内心，做出无怨无悔的选择。

就在去年，刚刚十四岁的琳达被母亲送出了国，由于家里的经济条件有限，从未出过远门的她独自踏上了去往他乡的旅行。琳达很清楚，母亲送她出国并不容易，甚至可以用砸锅卖铁来形容。因此，独在异国的她不管遇到什么困难都默默承受，只为了不辜负母亲的期望。直到有一天，琳达被房东赶出了家门，原来房东把房子租给了一个出价更高的留学生。琳达一个人拎着行李箱，走在深夜的街头，还不时有小混混向她吹口哨，后来她是在麦当劳里度过了难熬的一整夜。从此之后，琳达变得更加坚强了，她就像是一棵倔强的野草生存在异国他乡的土地上，她暗暗告诉自己：我一定可以的！

在这个事例中，琳达是个非常懂事的女孩，知道母亲砸锅卖铁供她上学不容易，因此不管在国外吃什么苦，都从来不向母亲诉苦。在努力战胜生活窘境的同时，她还非常积极主动地保证学习，可以说，琳达是个非常乐观坚强的女孩，也足以应对生活和学习中的很多情况。

一个人，只有真正发自内心地感受到自强不息的力量，才能更加从容地面对命运的挫折和挑战。所谓自助者，天助也，任何时候遇到难题都不要抱怨，更不要把希望寄托在别人身上。我们唯有真正拥有一颗强大的内心，才能彻底战胜自己内心深处的胆怯弱小，从而变成无所不能、勇往直前的强者。狼来了，抄起家伙就动手吧，与其等待不知何时才能姗姗来迟的援兵，不如从现在开始就加足马力充实自己，记住，只有自己才是永远的依靠！

没有“1”，一切“0”都毫无意义

每个孩子从开始读书起，就无限渴望得到100分，似乎100分就是我们人生中最大的成就。即便结束学业，步入社会开始工作，我们也依然希望给自己交上满意的答卷。然而，在忙忙碌碌、熙熙攘攘中，一心一意只想奔向成功目标的我们渐渐忘记一个道理：不管是100也好，还是10000分也罢，那么多“0”都必须放在“1”的后面才有意义。假如没有“1”，那些“0”就都变成了空洞的数字，没有任何实际意义。

“1”是什么呢？是满分的基础，是人生的根基。对于人生而言，“1”是健康，是存在。假如没有“1”，就像是人失去了健康的身体，即便拥有再多的名利权势，也都毫无意义。人们常说，钱能买来床，但是买不来安眠；钱能买来房子，但是买不来家；钱能买来婚姻，但是买不来爱情；钱能给人享受，却无法延长人生的生命……当我们被这个充斥着物欲的时代裹挟着前行时才发现，一直熙熙攘攘为名利，一旦失去生命的“1”，一切就会全都成空。

换一个角度来看，“1”不但是人生存在的基础，也是人生前进的基本动力。如果一个人有无数个空想，这就像是拥有无数个“0”，但是却没有实际行动的胆识和魄力，那么他的那些空想就变成了水中花、镜中月。这就是拖延症患者悲催的人生。当然，人们拖延的原因各不相同，有的人因为觉得时机不够成熟而拖延，有的人因为觉得自己能力不足而拖延，还有的人就是喜欢拖延，纯粹地拖延，最终在等待中蹉跎了生命。

对于重视家庭的人而言，家庭就是他们人生中的“1”。只有拥有安稳幸福的家庭，他们才觉得自己的奋斗是有意义的。否则，一旦家庭破灭，他们内心的世界也会轰然倒塌，觉得自己的人生变得无比空虚。总而言之，每个人在人生之中对于“1”的定位都是不同的，每个人生命中的“1”都是他们最应该在乎和珍惜的。不管生活多么忙碌，也无论工作面临着多么大的压力，我们都应该不忘初心，方得始终。有些人常常在紧张忙碌的生活中忘记了自己的初心，或者改变了初心，最终给人生留下莫大的遗憾。不得不说，这样的人生是失败的。归根结底，生命之于每个人都只有一次机会，人生更是一场不可回头的旅程，我们必须用心走好人生的每一步，才不会留下遗憾。

作为一个工作狂，艾米从大学毕业进入工作的第一天开始，就启动了疯狂模式。艾米的家在偏远的县城，父母都是小学老师，家境很普通。为了供养艾米读大学，读研究生，父母一直省吃俭用，母亲甚至连一瓶像样的护肤霜都舍不得用。为此，艾米发誓一旦开始工作，就要凭借自己的努力创造美好的未来，再把父母也从县城接到大城市生活。为此，艾米一分钟都不敢懈怠，每天都像是打了鸡血的机器人，充满激情和热情地对待工作，而且从来不知道疲倦。就这样，艾米度过了毕业后的三年打基础阶段，被提拔为公司的中层管理者。

原本，父母看到艾米如同拼命三郎一般，都很心疼，总想着艾米得到提拔，应该可以稍微放松一些了。不想，艾米仿佛看到了希望之光一般，更加马不停蹄地朝着理想的人生目标奔去。在工作的第五个年头，艾米突然觉得身体不适，去医院进行全面检查之后，居然被确诊患了白血病，而且是急性的。这让艾米恍若遭受晴天霹雳，得知消息的父母更是痛不欲生。接受治疗的艾米就像变了一个人，无比苍白憔悴，她终于有时间可以歇歇了。面对那些前来看望她的同学们，艾米感慨地说："此时此刻，我真的很后悔。人生这么长，我为什么要迫不及待地奔着死亡而去呢！假如没有健康，我的一切成就都成了"0"。我不但失去了为之奋斗拼搏这么多年的职位和高薪，也深深地伤害了我一心想要回报的父母。亲爱的朋友们，不管你们的目标多么远大，理想多么伟大，都悠着点儿，千万不要学我，最终竹篮打水一场空。"艾米的话让在场的每个人都落泪，也给他们敲响了警钟。

如果没有健康，艾米即使拥有再多的成就，也最终是徒劳。面对她一直以来都很想报答的父母，她的患病更是难以接受的沉重打击。艾米无论如何也想不到，自己原本努力奋斗就是为了尽早回报父母，如今却把父母陷入如此悲伤绝望的境地。现代社会，很多年轻人都因为生活和工作的压力太大，身体进入亚健康状态，面对繁重的工作任务，还有经常性的加班，有些三十几岁的年轻人猝死，给家人和社会都留下了巨大的悲叹。其实，这样的现象之所以时常发生，惹人不胜感慨和唏嘘，除了因社会的快递发展外，与人们分不清生活和工作的关系也密切相关。首先，生活的目的不是工作，工作的目的是为了更好地生活。其次，假如为了工作而完全打乱生活的节奏，就会使生活与工作本末倒置，最终人生也被扭曲。最后，我们必须牢记自己的初心，工作只是我们实现人生目标的手段之一，千万不要因为工作而使生活毫无意义。

你的人生中有多少个"1"，又有多少个"0"。从现在开始，就让我们厘清思路，分清主次，更加目标明确地面对生活吧！

时代瞬息万变，你不能墨守成规

喜欢打牌或者打麻将的人都知道，在牌桌上，随着一张张牌被打出去，牌局也在不断地发生着变化，造就了麻将桌上瞬息万变的局势。虽然纸牌不需要不停地抓牌，但是随着不停地出牌，局势也是千变万化的，在很多情况下，别人的出牌也会对整个牌局产生莫大的影响。为此，我们不但要留神出牌，更要留心新抓到的牌，还要随时随地注意他人的动向，才能更好地把握局势。这就像是人生，每时每刻都处于千变万化之中，不但我们自身各个方面的情况在变，与我们息息相关甚至漠不相关的很多人与事的变化，同样也会对我们产生影响。

在这个瞬息万变、日新月异的时代中，即使我们自身不愿意改变，也会被时代的洪流裹挟着不得不变。当然，为了避免被动，我们完全可以去主动改变。这样，才能在时代的大格局中抢占先机。从个人的角度来说，每个人的人生也同样需要改变。人们常说计划跟不上变化，就是意识到了改变无时无处不在。要想做到随时顺势而变，我们自身首先要做好准备，不但要打好基础知识，练好基本功，更要具有应对突发情况的能力。其实，这种应变能力早在古代社会就被提升到一定高度。诸如在战争中，将在外军令有所不受。这句话的意思是说，主帅率领大军在战场上厮杀拼搏，可以根据战场上的情况灵活应变，而不必完全按照皇帝的意思去谋略。的确，皇帝远在皇宫，在信息闭塞的古代社会，怎么可能随时掌握战场情况呢！因而，主帅只能根据战场的实际状况及时调整战略，这也是在战争中获胜的至关重要的因素。

大名鼎鼎的科学家爱因斯坦先生，除了要专心研究学术之外，还经常应邀为年轻人演讲。有一次，爱因斯坦又要去参加一个演讲，因为头一天晚上工作到很晚，所以他非常疲惫，坐在车里昏昏欲睡。为此，司机故意逗爱因斯坦开心，说："我每次跟您一起去演讲，听的次数多了，现在居然可以一字不差地把您的演讲背出来了。"爱因斯坦听了之后高兴地说："真的吗？要是真的可就太好了。人的精力是有限的，我每天都在实验室里忙忙碌碌，感到很疲劳。反正接下来的演讲是针对完全陌生的听众的，他们根本不认识我，你就代替我去演讲吧，这样也没有人会识破。"果不其然，司机当天晚上真的一字不错地代替爱因斯坦进行了演讲，他第一次登山讲台，还颇有些激动，显得激情澎湃，居然博得了热烈的掌声。坐在最后一排的爱因斯坦，也情不自禁地笑了起来，为自己的这个好主意暗暗叫好。

演讲刚刚结束，突然有位年轻的科学家站起来提了一个很深奥的问题，当然，司机是不可能解答这样的问题的。为此，爱因斯坦不由得暗暗着急，生怕司机情急之下暴露真相。不想，司机眼珠子咕噜咕噜一转，计上心来，只见他镇定自若地说："年轻人，你提出的这个问题简直是小儿科，你这个问题连我的司机都能回答，你完全应该以更加严谨认真的态度深入钻研。不信的话，就让我的司机为大家解答一下吧！"说完，司机邀请坐在后排的爱因斯坦上台为年轻人进行详细解答。

灵活机智的应变思维是很重要的，因为我们的生活每时每刻都处于变化之中。在上述事例中，司机正是因为能够应对突如其来的变化，才不至于使真相被揭穿，反而为自己和爱因斯坦赢得了热烈的掌声。

人生中，我们除了要应对这些突如其来的变化，还要面对人生中的诸多变故。尤其是在时代飞速发展的今天，我们更应该让自己顺应潮流和形式，及时改变，从而成就自己的人生。试想，当全世界至少一半人都开始用手机，甚至农民工腰里都揣着两个手机时，你却依然守着家里的电话机，别人有事着急找你的时候，也无计可施，从而导致各种信息无法及时沟通，这不就是OUT了吗？！虽然我们无需做最时髦和时尚的人，但是我们也不应该被时代远远抛下。尤其是电子产品的更新换代速度如此之快，不但加快了信息传递的速度，也使得人们彼此之间联系更加紧密，我们当然不能成为局外人。总而言之，对于生活中的任何改变，我们都应该怀着积极的态度去接纳和融合。否则，当你抗拒改变时，你也就与失败如影随形了。

成功的人每天都多做一点点

很多人在生活中常常抱怨：为什么我今天如此努力，却不能获得成功？其实，这个问题的提出本身就很幼稚，显然提问者还不了解成功，更不曾洞察成功的本质。成功，绝非一蹴而就，任何人都不可能在一举之间获得成功。任何人的成功都是依靠漫长的积累，只有每天多做一点点，进步一点点，日积月累，聚沙成塔，最终才能获得成功。成功不是天上掉馅饼，更不是不劳而获。成功的本质，就是持续地努力和坚持不懈地付出与积累，还有面对失败和坎坷挫折时的不抛弃、不放弃。如果你从未做到这一点，你还有什么资格抱怨成功从不青睐于你呢！

初一刚开学，郝梦的腿就骨折了。为此，他不得不打上石膏，在床上躺了好几个月。后来，又因为康复，他直到初二开学才复课。原本，父母是准备让郝梦以休学的原因，从初一开始读起的。但是一想到要离开熟悉的老师和同学，郝梦很不愿意。虽然初一的知识不算很难，但是要想从头补起，还要兼顾着学习初二的课程，郝梦的学习压力无疑很大。为此，父母都很担忧，郝梦却拍着胸脯保证："爸爸妈妈，放心吧，我在家养伤的时候也进行了自学，现在我每天都问老师一个难题，等到初二结束一定能赶上来，不会影响初三的冲刺的。"看到郝梦自信满满的样子，父母只好同意了。

刚开学的日子，郝梦每天都要复习功课到很晚，父母看在眼里，疼在心里。尤其是每天放学，郝梦总是要问老师一个之前自学过程中有疑惑的问题。就这样，半个学期下去，郝梦的学习成绩果然大幅提高，从刚开学的六七十分，到达了八九十分。看着郝梦如此进步神速，老师都觉得很惊讶。在班会上，老师特意树立郝梦为典型，让他与同学们分享学习经验，郝梦淡然地说："首先我要感谢老师，每天放学后都会耐心地为我解答一个问题。其实秘诀就在这里，只要每天多做一点点，我们不但可以弥补差距，还能实现领先。等到我的课程都补完了，我依然会坚持这个习惯，到时候我可以要挑战班级前三名哦！"

每天多做一点点，积少成多，不但能够把差距弥补上，还可以实现领先，让自己变得更主动。郝梦的话虽然简单，但是却道出一个深刻的道理。人生之中，不管是在学习阶段，还是在生活和工作中，要想获得成功，必然离不开点点滴滴的积累。任何事情，都不可能一蹴而就，必须经过长久的坚持和努力，才能最终有所收获。

有些人在生活中鼠目寸光，不管做什么事情都只盯着眼前的这一点点利益，根本不会长远考虑。而且他们还很懒惰，做事情只做好当时的，不会未雨绸缪。虽然我们说杞人忧天要不得，但是未雨绸缪却是必须的。俗话说，人无远虑，必有近忧，当我们抢先做一步，就能在未来的日子更多一些轻松愉悦，也才能距离成功更近一步。

专心致志，才能终成大事

不管做什么事情，我们都必须专心致志，才能有所收获。记得在刚刚进入小学开始读书时，我们就学过《小猫钓鱼》的故事。故事里的小猫因为三心二意，一会儿跑去赏花，一会儿跑去抓蝴蝶，最终一条鱼儿也没有钓到。毋庸置疑，人的精力是有限的，一个人不可能同时做好几件事情，也不可能在有限的时间和精力下，把每件事情都做得尽善尽美。这就要求我们必须学会合理地安排时间，分派精力，才能竭尽所能地把重要的事情做好，使我们距离成功越来越近，也使我们的人生少些局促，多些从容。

专注，是任何人获得成功的必要条件。如果爱迪生不够专注，在实验了若干种灯丝材料之后，还没看到成功向他招手就放弃了，也许人类还要在黑暗中摸索更长的时间；如果居里夫人对科学研究不专注，也不可能一生之中两次获得诺贝尔奖。古今中外那些成功人士，那些在人类历史长河中留下名字的推动者，无一不是专注用心的人。虽然我们只是普通人，但是我们也有属于自己的人生目标要追求，也有属于自己的成功。就像是凸透镜，正因为专注，它才能把所有的阳光都集中到一个点上，从而绚烂地燃烧。虽然每个人的能量都是有限的，但是如果能够将其集中到一个点上，必然能够创造出属于自己的人生奇迹。

这天天气晴朗，一位大名鼎鼎的主教跪在花园里的花丛中，虔诚地祈祷着。突然，有个侍女发现自己年幼的孩子不见了，因而急急忙忙地跑进花园里，四处呼唤和寻找。因为太着急，这位侍女没有看到跪着的主教，甚至从他身边经过的时候，踩了他的脚都毫无觉察，就慌里慌张地跑掉了。主教无缘无故被踩痛了脚，非常懊恼，这时，找到孩子的侍女兴高采烈地回来了，却看到主教正满脸怒气地站在花园里。侍女不知所以，问："主教，您怎么了？为什么这么生气？"主教愤怒地喊道："你刚刚从我的脚上走过，难道你自己不知道吗？"侍女得知是自己踩了主教的脚，惹主教生气，非常惶恐。她说："主教，很抱歉，我刚才孩子丢了，满心只想着孩子的安危，所以没有留意到您在花园里。您刚才在干什么呢？"主教气鼓鼓地说："我在祈祷呢，莫名其妙就被你踩了一脚！"侍女说："真的很抱歉，我实在太着急找孩子了，根本没有注意到其他的。我知道，您的祈祷比我找孩子重要得多，不过难道您不应该全身心投入，根本不会注意到外界的事情吗？"在侍女巧妙的辩解下，主教哑口无言。

的确，对于一个大名鼎鼎的主教而言，祈祷时完全是应该忘我的，更别说注意到外界的事情了。惶恐不安的侍女为了摆脱责罚，正是以专心找孩子为由为自己辩解，也以祈祷应该完全忘我为由，让主教无法继续责骂她。当一个人全然专注的时候，一定会完全忘掉外界的客观存在，甚至连自我也完全融入其中。

专注的人，即使在追求梦想的过程中遇到很多困难，也从来不会轻易放弃。他们坚信自己的梦想一定能够实现，并且为此付出所有的心力，正是"为伊消得人憔悴"，也依然无怨无悔。当然，一个人只有在从事自己喜欢做的事情时，才会实现这样高度的专注。比如爱迪生在实验室里总是废寝忘食，但是在欣赏音乐时却情不自禁地呼呼大睡，由此不难看出专注与兴趣是密切相关的。现代人也常说，做自己喜欢的、感兴趣的工作是莫大的幸福，正是因为人们对于自己热爱的工作才能投入所有的精神和心力，也更容易做出伟大的成就。

第09章 合作才能共赢，给命运一个重新洗牌的机会

现代社会，已经不再是武侠小说中武侠英雄们仗剑走天涯的时代。在这里，没有所谓的个人英雄，每个人都像是一颗螺丝钉，待在自己的位置上尽心尽力地工作和生活，要想做出一些成绩，必须积极主动地与他人进行合作，依靠团队的力量，才能完成自己的梦想。也因此，人际关系在现代社会被提升到前所未有的高度，因为任何人都不可能只凭借自身的力量获得成功。因而，不管是在学习生活还是在工作生活中，都必须提升团队合作意识，与他人精诚团结地合作。不仅个人如此，企业和国家也是如此，这就是大势所趋。

一根筷子被折断，十根筷子抱成团

当一张牌桌上坐着四个人的时候，必然有两个人是合作伙伴的关系，一起通力合作，与另外的两个人组成的合作团体进行对抗。如果合作的两个人不能做到齐心协力，就很难获得胜利。因为他们的力量必然分散，心也不够齐，所以就会导致被精诚合作的对方钻了空子。聪明的牌友无论与合作伙伴多么意见不一致，也会尽量争取统一，这样才能一致对外，所向披靡。就像古时候一个简单的故事告诉我们的道理那样，一根筷子被折断，十根筷子抱成团。一根筷子轻而易举就会被折断，但是当这些原本脆弱的筷子牢牢抱在一起时，就会具有惊人的强度和力量。做人也是如此。

从上幼儿园开始，老师们就有意识地培养孩子们合作的意识和能力，进入小学阶段之后，在漫长的学习过程中，孩子们更是需要相互帮助和协助，才能完成有些难度的学习任务。在大学毕业走上工作岗位之后，更需要具有合作意识。现在的工作单位中，每个人都负责具体的工作任务，当需要完成比较大的项目时，就需要与其他同事或者部门协调合作。人际关系好的人，往往在工作

过程中得到更多的帮助，因而成绩显著。相反，如果是独行侠，就很难得到他人的慷慨帮助，也必然导致在职场上举步维艰，难以顺利开展工作。

在自然界中有很多类似的现象。秋天到来，大雁往南飞，往往会排成V字形，有领头雁带领着，首尾衔接，朝着温暖的南方飞去；在洪水肆虐时，为了逃生，弱小的蚂蚁们会迅速抱在一起，就像一个黑乎乎的大球，在水面上漂浮。他们必然会失去一些伙伴，因为最外层的蚂蚁常常被冲散，消失得无影无踪，但是只要蚂蚁球还在，总有蚂蚁能够生存下来。如果能够侥幸靠岸，或者遇到一个比较大的可以依附的漂浮物，则蚂蚁们就得救了。就连这些弱小的生物都具有团队合作意识，我们怎么能没有呢？作为万物灵长的人类，更应该发挥精诚合作的精神，让无数股力量拧成一股绳，这样就一定能够战胜天灾人祸。记得在汶川地震时，社会各界的爱心人士在地震发生的第一时间，就赶到汶川，因为交通受阻，他们全都徒步进入汶川震中，及时给予受灾的人们最大的援助。大灾彰显大爱，也许原本看似毫不相干的人们，在天灾人祸之中表现出超强的凝聚力。当然，生活和工作中的大多数时候是风平浪静的，我们按部就班地生活和工作，尽管没有危机出现，也依然要学会与他人合作。唯有具有合作意识，养成合作的习惯，才能给我们的生活带来更多的便利。

1933年，受到经济危机的影响，整个美国的经济都很低迷、萧条。哈里逊纺织公司也到了举步维艰的境地，但是祸不单行，因为一场意外的火灾，公司变成了一片废墟，满目疮痍。这场大火让原本艰难维持的哈里逊纺织公司彻底陷入窘境，眼看着三千名员工都面临失业，生活也变得没有着落，董事会紧急召开会议，决定先解决员工的生存问题。最终，董事会做出决议，决定多给每个员工发一个月的薪水，让他们能够在有生存保障的情况下从容地找新工作。得到这个消息之后，全体员工都非常振奋，全都满含感激之情地给董事长打电话或写信，表示感谢。然而，在经济大萧条的大背景下，一个月的时间很难找到合适的工作，因而一个月之后，面对依然没有着落的工作，大家全都忧心忡忡。这时，他们突然惊喜地收到公司的消息，原来董事长决定再给每位员工多发一个月的薪水。如果说第一次多领一个月的薪水只是感激，那么董事长继续雪中送炭的行为则彻底感动了他们。接到公司通知的第二天，大多数员工全都赶回公司，开始在废墟上自发地劳动。他们从家里带来各种工具，努力地清理废墟，而且还把机器从废墟中挖出来，擦拭一新。销售部的销售精英们，更是拿起手机坐在废墟上开始打电话给客户，这是为公司未来的长远发展打算呢！

员工们废寝忘食，夜以继日，恨不得不吃饭不睡觉也要让公司恢复经营。正是在三千多名员工万众一心的努力下，哈里逊公司不到三个月就走入了正轨，恢复了生产和业务。这时，当初曾经反对董事长慷慨给员工们发薪水的董事会成员，全都对董事长佩服得五体投地。

在巨大的危机面前，董事长其实很清楚，只靠公司高层的微薄力量，是很难让公司恢复正常运转的，也因为责任道义，他最终综合各方面的因素，做出了给员工多发薪水的决定。正是这个决定，让员工们看到了董事长的博大胸怀，因而最终自发地回到公司，所有人都抛弃私心杂念，万众一心地跟随董事长带领全公司渡过难关。不得不说，哈里逊公司的董事长是一个非常精明且眼光长远的人，他以这样仁义的举动，最终帮助公司渡过了难关，也赢得了所有员工忠心耿耿地追随。

好“牌友”，助你一生好运

每张牌桌上，总有几个好牌友，不但打牌的时候万分默契，在生活中也是好朋友，互相提携互相帮助，不离不弃。当然，要想成为好牌友，就要在打牌的过程中足够默契，能够领悟牌友的巧妙用心，从而取长补短，互相照应，赢得牌局。很多人小看牌友，殊不知牌友之间必须有着绝对的信任和牺牲奉献精神。在必要的时候，还能够做到丢卒保车，从全局出发考虑问题。

人生中，我们也需要这样的“牌友”，能够在生活和工作中互相照应，实现真正的默契和互帮互助。人的一生不会是一帆风顺的，而且个人的能力和精力也有限，所以不可能凡事面面俱到。遇到这种情况，我们就需要默契的好朋友，取长补短，扬长避短，互相弥补。这样，在朋友之间合作默契的情况下，人生也会更加顺心如意。

大学毕业后，小张和小马作为好同学、好朋友，一起进入这家公司工作。由于从事销售行业，所以他们在最初的学习阶段尚且还好，但是等到跟随师傅学会销售的技巧正式步入工作岗位之后，关系就渐渐发生了微妙的变化，直到最后越来越紧张。

原来，在学校的时候，小张的学习成绩没有小马好。后来进入公司，小张居然后来居上，凭着灵活的思维和能够说出蜜糖来的嘴巴，不但人缘好，而且业绩也一直稳步提升，把小马远远地甩在了后面。看到曾经屈居于自己之下的同学和好朋友，如今竟然一跃到了自己之上，小马心中很不是滋味。渐渐地，他对小张产生了排斥和抵触心理。有一次，小张谈了一个很大的客户，一个人去拜访客户难免觉得心中没底，就邀请小马和他一起去，并且承诺如果这个客户成功拿下，业绩平分。按道理来说，好朋友提出这样的邀请小马应该觉得高兴才对，但是越是看到小张的工作进展顺利，他心里就越难受。最终，他却在恶念地指使下，彻底把单子搅黄了。妒忌就像是心中的毒瘤，让小马宁愿自己不挣钱，也不愿意看到小张成功。

假如小马能够调整心态，把自己的成熟稳重与小张的亲和活泼结合起来，那么他们一定能够在销售的道路上越走越远，直到彼此都获得成功。但是小马嫉妒心太强了，尤其是在看到小张已经遥遥领先于自己的情况下，他更是妒火中烧，宁愿自己承受损失，也不愿意看到小张继续获得成功。不得不说，这样狭隘的心思是很难与他人合作好的，而如此局限的思维也必然使他未来的事业之路遭遇阻碍。

所以说在永远的利益面前，原本仇人相见分外眼红的两个人，一旦成为利益的共同体，也会马上冰释前嫌，暂时恢复友好邦交。任何时候，都不要因为妒忌他人或者不愿意看到他人落得好处，而因此与自己过不去。我们唯有打开心胸，更好地面对他人，容纳他人，综合他人的力量，才能让自己也不断发展壮大，实现合作共赢。从这个意义上来说，拥有默契的好朋友，是我们人生最大的幸运，也是我们一生之中最宝贵的财富。

共赢，才能让利益更长久

在利益面前，假如我们能够更好地与他人合作，哪怕是面对敌人，也将其吸纳入自己的阵营，一起追求共同的利益，这样我们才能实现利益最大化。在商场人，很多鼠目寸光的人误以为利益最大化，就是自己赚取最大的利润，恨不得把合作伙伴的利润空间挤压掉。殊不知，这样的合作是不会长久的，最终损失的还是你自己。明智的人不会过分挤压合作伙伴的利润空间，相反在需要的情况下，他们还会主动退让，从而让出更大的利润给合作伙伴。当合作变得更加顺畅，也更长久时，难道还发愁不能得到源源不断的利润吗？细水长流，总比一下子把对手搜刮得无以为继来得更好。

任何合作，要想让利益更长久，切勿贪心，而应该把良心摆在正中间，既要考虑自己的利润，也要让合作伙伴有利可图。只有合作双方实现共赢，利益才能更加长久。否则，一旦合作终止，我们很难知道何时才能再次遇到一个“两情相悦”的合作伙伴。其实不仅仅是在生意场上，在很多情况下，我们只有实现共赢，才能更好地与他人相处。

作为一名销售人员，马波的能力是很强的。然而，在达到职业的巅峰之后，他似乎被什么东西给禁锢住了，很难再继续突破自我，超越自我。平日工作中，马波与陈佩的工作表现和业绩始终不相上下，他们虽然表面看起来很和睦，心中却谁也不服谁，都恨不得把对方打败，让自己成为真正的王牌销售。和马波的情况一样，陈佩最近在销售上也呈现出疲软态势，业绩不断反复，时高时低。这让陈佩很尴尬，因为他始终认为自己是最强的。

一个偶然的机会，马波读到了一篇关于合作共赢的文章，脑海中突然灵光一闪，假如我与陈佩能够强强联合，彼此心无芥蒂地分享成功的销售经验，我们一定都会进步飞速。想到这里，他马上给陈佩打电话，说出自己的想法。陈佩与马波一拍即合，他们甚至连夜见面沟通自己在工作中遇到的障碍。正是因为互通有无，也因为在工作上消除隔阂通力合作，他们各自都迅速取得了突飞猛进的进展，老总对他们的表现刮目相看。在一年一度的年终大会上，马波和陈佩一起走上领奖台。当主持人问起他们如何变得强大时，他们异口同声地说："合作！"的确，虽然在工作上依然各自忙各自的，但是私底下的交流和沟通，使他们在英雄惺惺相惜的同时，也得到了对方的真传和经验。这就像是两个武林高手把辛苦修炼多年的功力融合起来，最终成为了拥有绝世武功的盖世高手。

人们常说，看一个人的底牌，看他的朋友，看一个人的实力，看他的敌人。事例中的马波和陈佩，就像是一对竞争对手，曾经处于彼此敌对的关系，很少有交集。在意识到自己的发展遭遇瓶颈之后，马波很清楚突破口只能在陈佩身上，因为他们实力相当，惺惺相惜。因此，他第一时间和陈佩达成合作的共识，彼此间倾心交流，毫无保留，最终使得他们的合作取得了显而易见的效果。

在生活和工作中，我们常常会对那些实力与我们不相上下的人产生嫉妒的心理，甚至感慨既生瑜，何生亮！其实，换个角度想，假如我们能够站在更高的角度，把全局作为一个整体进行考虑，那么我们根本没有必要为自己身边那些优秀的人而苦恼，因为一旦我们与他们结成利益共同体，他们的一切优势就也会为我们带来莫大的好处和便利。所谓大家赢才是真的赢，在现代社会，没有人能够仅凭单打独斗就成为英雄。所以，让我们敞开心胸帮助身边的人吧，这也是在帮助我们自己！

合作共赢，才能一起分享蛋糕

在生意场上，竞争越来越激烈。一些企业总想独占鳌头，甚至想要独霸市场，因而不断地压低价格，进行恶性竞争，最终把自己搞得和对手一样狼狈不堪。难道必须通过竞争才能求得生存吗？在很多情况下，合作也许才是最好的选择。这就像是面对一个蛋糕，大家你争我抢，互不相让，最终在争夺中导致蛋糕掉在地上，谁也吃不到。聪明人会经过思考，选择最有实力的竞争对手，与他们一起精诚合作，瓜分蛋糕。当然，在此过程中竞争依然不可避免，但因为强强联合，会使消灭那些不起眼的小竞争对手变得非常容易。

对于合作，大名鼎鼎的作家刘墉有独到的见解。他常说，合作失败的人总是散伙，因为他们彼此推卸责任；合作成功的人也难以长久维持合作关系，因为他们各自都觉得自己功劳最大。只有在终止合作重新变得势单力薄之后，他们才会懊悔不已地再次寻求合作，这时他们的关系是最稳固的。这句话虽然简单直白，却道出了人的本性和合作的艰难。归根结底，人都是自私的，在利益面前，在责任面前，很少有人能够真正宽容大度，让出利益，主动承担责任。正是基于此，我们才更应该强调合作共赢的精神。

现代社会，各行各业都处于飞速发展之中。如果不合作，人们将会很难生存。而且，随着分工的精细，同样要求必须合作，才能谋求更好的生存和发展。因而，我们除了要努力提高自身的能力和素质外，也要搞好人际关系，与真正的强者联合起来，从而成功超越自身的局限，让自己的人生变得更加开阔。

作为两家电子产品生产厂家，A和B实力相当，都是行业内的翘楚。然而，在金融危机影响下，各行各业都步履维艰，能够勉强维持生存已是不易，更别说谋求发展了。近来，A的资金链出现问题，导致公司没有多余的钱投入创新。如果仅仅依靠已经快被淘汰的电子产品，显然他们不可能很好地生存下去。B呢，虽然资金还算充裕，但是缺乏人才，因而设计出的产品总是因循守旧，市场反响很差。在这样的时代大背景下，再综合考虑两家厂子的情况，A的负责人做出一个大胆的设想：假如能够把公司和B进行整合，则既有钱又有人才，一定能够开创新的局面。

经过深思熟虑之后，A的负责人决定找B的负责人好好谈一谈，虽然B的负责人财大气粗，但是也知道公司发展缺乏后劲，很难有所创新。为此，A和B一拍即合，当即决定合并重组。最终，A和B不但携手渡过了金融危机的难关，而且还取得了更好的发展，真正成为行业内的龙头老大，理所当然地占据了垄断地位。

不管是个人，还是企业，甚至是对于国家来说，合作都是不可或缺的。在这个和平年代，损人不利己的作为已经被彻底淘汰，唯有站在更大的格局上放眼未来，才能打好“双赢牌”，把蛋糕越做越大。如果目光短浅，一味地只盯着自己的利益，最终就会失去合作伙伴，会输得很惨。

在现代社会，双赢是大力提倡的一种合作方式。不管做人还是做事，我们都要从大局出发，既要顾及到自己的利益，也要考虑他人的利益。唯有实现共赢的合作，才能更好地打好人情牌，与合作伙伴通力协作，把蛋糕越做越大，从而获取更大的发展和更多的利润。人生之路，理应越走越宽。只有心胸开阔的人，才能将人生打开局面，为自己赚取广阔空间。

小小投资，助你赚取大感情

虽然坐在一张牌桌上就是厮杀，结局不是你死就是我活，但是这并不意味着不需要打感情牌。尤其中国是个人情社会，几乎走到哪里，都不可能离开人情。因而，我们必须把握好感情牌的力度和节奏，只有把感情牌打得恰到好处，才能给我们的为人处事带来更多的方便，也才能帮助我们在同等付出的情况下获得更大的回报和收益。

人活着需要满足自身各种各样的需求，还要不断地进行各种各样的追求，在这个过程中难免会遇到需要求助的时候。在有求于人时，打好感情牌显得尤为重要。从某种意义上来说，感情上的小小投资，其实是为我们人生未来的顺遂如意买单。也只有打好感情牌，我们才能得道多助。正如古代帝王的为君之道，得道多助，失道寡助，君子虽然贵为天子，高高在上，也依然需要处心积虑地打好感情牌。否则，水能载舟，亦能覆舟，一旦惹恼了天下的老百姓，帝王的位置也就不再稳固了。

在之前热播的《芈月传》中，小小年纪的芈月因为不得威后的喜爱，在父王去世后，被发配到荒山野岭中为父王守陵。直到她已经长大成人，她的弟弟也成为十岁的少年，依然没有得召回宫。后来，威后和大王一起率众祭奠大王，因为大王最宠爱的妃子郑袖不小心被毒草咬伤，芈月非常热心地帮助郑袖，博得了郑袖的好感。最终，在屈原的极力劝说下，再加上郑袖在大王身旁吹枕边风，大王才同意让芈月带着弟弟一起回宫受教。尽管期间历经艰难坎坷，但是芈月总算是再次回到皇宫，也为弟弟的人生铺垫了道路。

近来，冯经理一直在代表公司与客户公司的负责人张总洽谈相关的合作事宜。作为一名在广告公司从业十年的老业务员，他很清楚只要谈下这单生意，公司至少半年的营业额都有了着落。为此，不管张总对他多么不耐烦或者冷若冰霜，他从未放弃过努力。

一个偶然的机会，冯经理得知张总的妈妈生病住院，手术之后因为没有单间的病房，所以张总一直花费重金让妈妈住在重症监护室里。冯经理突然想到自己的爱人就在那家医院的眼科当主任，假如能让爱人给张总的妈妈联系一间特别看护病房，就给张总解了燃眉之急。为此，冯经理赶紧打电话拜托妻子一定要帮这个忙，虽然妻子有些勉强，最终还是答应了。两天之后，张总的妈妈顺利搬进特别看护病房，张总悬着的心也总算是放下来了。虽然冯经理从始至终从未提过合作的事情，但是张总在腾出时间来的第一天，就主动打电话邀请冯经理见面，还主动与冯经理签订了合作的相关协议。

在第一个事例中，芈月帮助郑袖原本是无心的，但是这当然也是感情牌的一种。在感情上小小的投资，就让离开皇宫六七年的他们终于回到皇宫，开始了新的人生。由此可以看出，越是看似漫不经心的感情牌，越是更容易深入人心，得到丰厚的报偿。在生活中，每个人都会遇到各种各样的困难，也都会有需要他人帮助的时候。在这种情况下，如果平日中待人友善，能够热心助人的人，自然能够得到更多的回报。相反，那些遇到任何事情都明哲保身，从来不愿意对他人伸出援手的人，也是很难得到他人的热心回报的。这就是有心栽花花不成，无心插柳柳成荫。

当然，很多事情的发生并非偶然，而是有计划的，也就是我们在做事情之前可以提前谋划，从而为自己铺平道路。在第二个事例中，冯经理对于张总的帮助无疑是有计划的。他从官方套路一直无法打动张总的心，因而独辟蹊径，在得知张总的妈妈住院手术之后，马上利用自身的人脉资源，为张总的妈妈安排好了特护病房。对于张总而言，这无疑是雪中送炭，最终，不等冯经理开口，张总就主动提出合作事宜，并且顺利与冯经理签约。这就是感情牌打到位了，各种事情也就水到渠成。

在现代职场上，不管是和上司、下属，还是和普通同事之间，我们都必须进行更好地交流和互动，才能奠定感情基础。例如，送给客户其孩子最喜欢的明星签名，或者投其所好送给客户他喜欢的某件东西，这都在感情牌的范围内。

很多人平日里粗枝大叶，在与他人相处的时候也非常马虎粗心。实际上，人与人之间感情的加深，恰恰就在那些不显眼的细节之处。我们只有用心地经营与他人的友谊、情谊，才能在关键时候得到他人的帮助。还需要注意的是，千万不要等到需要求助于他人之前才想起来打感情牌，必须把功夫下在平日，感情牌才能更具威力。

得道多助，失道寡助，你需要贵人相助

生活在这个世界上，每个人都需要好朋友，就连那个大奸臣秦桧还有三个好朋友呢，更何况是我们这些普通人呢！没有朋友的人生注定是孤独的，尤其是在现代社会，生活和工作都需要与他人打交道，就更应该建立良好的人脉。有些人虽然一直非常努力，也很勤奋，但是却始终无法成功。究其原因，就是因为他们缺少贵人相助。就连古代君王都要以得道多助、失道寡助为纲常，更何况是我们这些默默无闻、普通而又平凡的生命呢！在遇到困难的时候，在被障碍阻挠的时候，我们必须求助于朋友，求助于我们生命中的贵人，才能战胜困难，勇往直前。

所谓多个朋友多条路，在漫漫人生路上，我们唯有与朋友相伴，才能不至于孤单寂寞。尤其是在遇到困难时，倘若能够得到贵人相助，则更加事半功倍，如鱼得水。所谓七分努力，三分机遇，在某种程度上说的也就是我们需要借助于贵人的帮助，抓住更多的机会，才能更好地为自己的人生谋篇布局，也才能获得成功。

纵观古今中外，大多数有所成就的人，虽然他们自身都非常努力，但也与贵人相助密不可分。实际上，很多人身上都具备走向成功的潜质，区别在于成功的人被伯乐赏识，默默无闻的人不但没有得到伯乐的赏识，自身也从未挖掘自己。这就像是一粒种子得到了阳光、空气和土壤，而贵人就像是水，能够让种子的生命得到更多的滋养。由此可见，得到贵人相助对于我们的人生是至关重要的。

清朝乾隆年间，百姓安居乐业，乾隆皇帝也经常微服私访。在江南，有一家小酒店，看起来毫不起眼，但是却每日里人来人往，生意火爆，这到底是为什么呢？原来，酒店的老板刘阿福，是个很有贵人缘的人，居然得到了乾隆爷的相助，因此酒店的生意才从冷清到火爆。

一天，刘阿福守候在门可罗雀的小酒店里，心里不由得发愁起来。照这样下去，他很快就要关门了，哪里能够实现盈利呢！正在他忧愁的时候，突然响起了敲门声，一个气宇轩昂的人走了进来，对刘阿福说："老板，给我来几个拿手小菜，再来半斤好酒。"刘阿福打量着这个气质不俗的人，心想："这个人看起来绝非俗辈，也许就是我的贵人呢！"想到这里，他赶紧端上好酒好菜，供客人享用。客人吃饱喝足，看到期间并没有其他顾客光临，因而说："我看你也是个老实人，店里的生意却很清淡。我想帮帮你，你觉得如何是好？"刘阿福喜出望外，赶紧说："谢谢客官。您气宇轩昂，一看就不是凡人。要是您能给我留下一份墨宝，我一定日日挂在店中，让看到的人都欣赏它。"客人拿起笔墨，略微沉吟，提笔写下："江南景秀水宜人，民风富庶享太平。小小酒店风味浓，丰肴珍馐悦人心。若问赐墨何许人，紫禁城里寻真龙。"看到这几句诗，刘阿福猛然醒悟站在他面前的就是乾隆皇帝，不由得喜出望外。

此事传开之后，争相来到刘阿福的小店一睹乾隆真迹的人络绎不绝，小酒店的生意也水涨船高，越来越好。尤其是乾隆当日吃过的那几道小菜，更是备受推崇和追捧。

对于生意寡淡的刘阿福而言，乾隆皇帝就是他的贵人。正是因为乾隆的光顾，还给他留下了墨宝，所以他的小酒店才一夜之间火爆起来，不但生意红火，而且名声大噪。很多时候，我们也会面临人生的绝境，看似毫无生机，其实只要找到贵人相助，就能马上斗转星移，柳暗花明。

尤其是在现代职场上，因为分工越来越细化，几乎每个人都是术业有专攻，所以要想凭借一己之力面面俱到几乎是不可能的事情。在这种情况下，我们必须相互帮助，与他人更好地合作，才能最大限度地发挥自身优势，获得长足发展。当然，在得到贵人相助之后，千万不要当"白羊狼"，虽然帮助我们的贵人大多数情况下并不需要我们的回报，但是我们依然应该怀着一颗感恩之心，力所能及地向贵人表示我们的感激和回馈之心。中国自古以来就讲究礼尚往来，唯有如此，我们才能与贵人建立良好的关系，拥有更多的人脉资源。在很多情况下，我们结实一位贵人，也就同时拥有了贵人身后的人脉关系，只有好好经营与贵人之间的缘分，才能在未来的日子里得到更多的有力帮助。

维护友情，才能得到“雪中送炭”的礼遇

在现代社会，生活的压力越来越大，职场上的竞争也日渐激烈。要想取得良好的发展，我们除了依靠自身的勤奋努力之外，还需要拥有好人缘。所谓多个朋友多条路，在我们感到困惑不安的时候，在我们感到无路可走的时候，也许朋友的一句话就能让我们感到茅塞顿开。尤其是身处绝境的艰难时刻，如果有朋友雪中送炭，不离不弃，则简直是人生之大幸。

当然，“雪中送炭”的友情是每个人都想拥有的，但是这样一份浓郁炽烈纯真的感情绝非从天而降。在这个世界上，绝没有无缘无故的爱，更没有毫无缘由的恨。假如朋友对你死心塌地，即使你遭遇困难也对你不离不弃，甚至舍弃自己的身家性命也要助你一臂之力，这样的朋友得来绝非偶然。很多人都知道爱情是需要用心维护的，婚姻是需要努力经营的，殊不知友情也是需要长期栽培的。从友谊的种子发芽开始，娇嫩的友谊之树就开始成长。我们必须非常精心、用心地为其施肥浇水，给予它更多的爱与呵护，友谊才能最终成长为参天大树。很多人都知道白果树的生长特别缓慢，成长周期很长。一颗白果树的幼苗要想长大，结出果实，至少要经过几十年的时间，因而有爷爷种树孙子吃果的说法。虽然友谊的大树不需要我们经历如此漫长的等待，但是也依然需要长期维护。

生活中有一些功利心强的人，在平日里对朋友不冷不热，疏于维护，只有等到自己落难的时候才会想起朋友来，厚着脸皮向朋友求助，最终却一无所获。明智的人从不会冷落友情，闲时的一个电话，一条问候的短信，虽然只是举手之劳，却能让朋友知道你的心中有他，这样他自然也会时常地惦念你。这样的朋友即使相隔遥远，也会在需要的时候马上就出现在身边，而丝毫不觉得

生疏。也有人说，君子之交淡如水。这其实是在告诉我们，即使亲密的朋友之间，也要保持适度的距离。因为距离太近，人们就会像是彼此依靠着取暖的刺猬，很容易就扎伤彼此。只有保持适度距离，人们才能既用体温温暖彼此，又不至于扎伤对方。总而言之，如果你奢求得到“雪中送炭”的友谊，就从现在开始努力经营友情吧。即使生活在忙，工作的压力再大，也不要忘记经常和朋友聚一聚，更不要忘记时常给朋友打个电话，发个信息，这样才能让友谊之树长青。

近来，小丽谈了个男朋友，因为彼此年纪都大了，所以很快就到谈婚论嫁的程度。提起结婚，中国人的传统观念中是一定要有房子，因而小丽和男朋友都开始琢磨买房子的事情。由于他们都是工薪阶层，且家里父母的经济条件都不宽裕，所以即使七拼八凑之后，也还差十几万的首付。这天，小丽突然记起有个同学说张薇在上海工作，那么张薇一定很有钱吧！小丽想起，她曾经和张薇还是同桌呢！不过，自从毕业之后就没有联系了。小丽虽然很忐忑，张薇是否还记得自己，却也硬着头皮接通了张薇的电话。

“张薇，你好吗？猜猜我是谁？”

“不用猜，你还是赶快挂电话吧，不然我会报警的。”

“报警，为什么要报警，我是你的老同学啊？”

“哈哈，你能不能想个高明点儿的骗术呢！我的同学手机号都存在我手机里呢，你这个号码一看就不是好玩意儿！”

“亲，我真的是你的同学，我是小丽啊，大二的时候咱俩还是同桌呢，记得吗？”

“小丽我记得，不过我们好几年没联系了，我想她不会联系我的。算你侥幸，居然蒙对了！不过你放心，我一没有钱，二没有钱，三还是没有钱！”

“……”

小丽尴尬地挂断电话，因为如果她再不挂断，也许张薇真的把她当成骗子报警了。这时，小丽才感到懊悔不已，因为毕业之后她与很多同学都断了联系，现在有了紧急的事情需要同学帮忙，估计大多数同学都像张薇一样根本不记得她是何许人也了。

在这个事例中，小丽就是典型的临时抱佛脚。这个招数对于应付考试也许还能起点作用，至少能够多记住一些知识点，侥幸碰到一两题就能多得几分，但是用在人际关系的维护上却是完全不灵光。就像事例中的小丽一样，即使说出了自己的名字，也因为久未和同学联系，导致被误认为是骗子。这样的结果，当然不是张薇的责任。所以遇事要未雨绸缪，其实感情的维护也是如此。不管是和亲人、朋友还是爱人之间，感情都绝对不是一蹴而就可以深厚的。任何感情，都离不开平日生活中的点滴积累，更离不开人们的用心维护。

在现代社会，拥有人脉资源的人才能占据交往的主动，也才能在危急关头得到他人的慷慨相助。尤其是那些“雪中送炭”的朋友，总是让我们感受到更多的希望和温暖，是我们人生之中不可多得的财富。从现在开始，就让忙碌的我们放下手边的一切，拿起电话，快给远方的朋友报个平安问个好吧！

下篇

和不开心的自己聊

第10章 人生不可重来，活在当下才能把握人生

有人说，人生是一趟不可重来的旅程，的确如此，每个人的人生都只有一条路，那就是朝前走的路。不管我们多么懊悔或者遗憾，人生都是不可重来的。因而，要想让人生没有遗憾，我们就必须活在当下，把握住今天，既不要为昨天而懊恼，也不要只顾着憧憬明天，只有踏踏实实、尽情尽兴地活在当下，人生才没有遗憾。

人生如戏，却没有重演的机会

人生就像是一场戏，每个人都在戏里扮演着自己的角色，不管是心甘情愿，还是不情不愿，人都没有权利选择自己既定的角色。而且，不管戏演得好还是不好，生旦净末丑，各有各的精彩，也各有各的烦恼。有人说命运天注定，也有人说命运把握在自己手中，其实都很有道理。每个生命从呱呱坠地的那一刻开始，其实有些事情就已经成为定局了。然而，从另一个角度来说，人的命运的的确确掌握在每个人的手里，经过后天的努力，我们可以改变很多事情！

人的角色是多重的，而且随时随地处于变化之中。在父母面前，我们是儿子、女儿，到了公婆面前，我们又是女婿、媳妇；在上司面前，我们是下属，到了下属面前，我们又是上司，与此同时还要与平级的同事打交道；在孩子面前，我们是父母，在配偶面前，我们又是丈夫、妻子；在商贩面前，我们是顾客，但是面对工作上的客户，我们又是销售者……总而言之，人的一生之中要扮演多重角色，而且随着年龄的增长，我们的角色也处于不断地变化之中，甚至有些时候要同时身兼数种角色。特别是人到中年日子是最难过的，因为要身兼多种角色。尤其是在公众场合，每个人就像是在参加化装舞会一样，谁也不

知道谁的内心世界究竟是怎样的情形。

当初，因为家境贫穷，面对着哥哥和妹妹的大学录取通知书，父母作出了一个痛哭的决定，即以抓阄的方式决定谁上大学。为此，父亲让比哥哥小几分钟的妹妹做阄，妹妹做着做着，突然有了一个大胆的想法，她悄悄地把两张纸条都写上“读”。等到抓阄的时候，她更是抢在哥哥前面抓了一个，并且狂喊“我可以读书啦”，喊完她就赶紧把另外那张撕碎了，口中还念念有词：“既然我抓中了，你也就不用再抓了，白费力气嘛！”哥哥黯然离开屋子，父亲却在擦眼角的泪。她不知道，哥哥早已经在父亲面前表态把读书的机会让给妹妹，也想好了如果抓到读书的签，就谎称没有抓到，把机会让给妹妹。

一晃几年过去了，在哥哥的供养下，妹妹顺利读完大学，而且还谈了一个大学生男朋友，人生正式步入轨道，成了地地道道城市里的人。哥哥呢，因为过度劳累，相貌已经呈现出和年纪不相符的苍老。不过，看到妹妹顺利结束学业开始工作，他还是很高兴的。

直到若干年后的一天，兄妹俩也已经为人父母，才体会到当年父母选择只供养一个孩子读书，让另一个孩子打工的艰难决定。为此，他们感慨唏嘘，又说到那个抓阄，看着苍老的哥哥，妹妹心里涌起愧疚，不由得说起了自己当年作弊的事情。哥哥却不以为然地说：“其实我本来就决定让你去读书的，父亲觉得于心不忍，所以非要抓阄让命运决定。我想，我休学至少还能做些体力活贴补家用，你休学就只能一辈子待在农村吃苦受累了。毕竟你是女孩子，又是我最心爱的妹妹，我不忍心让你失去前途。”听到哥哥的话，妹妹潸然泪下。如果时光可以倒流，也许她不会再这么自私吧。

生活中，我们常常听到大家说，假如时光能够倒流，假如我们能回到从前，假如再给我一次选择的机会，假如……无数个假如，都在指向已经逝去的昨天。然而，时光是不可能倒流的，这一点永远无法改变。事例中，面对哥哥的命运，妹妹不胜感慨唏嘘。这就是人生的舞台。

不管历史如何，都已经成为历史，是无法更改更不可能弥补的。细心的人会发现，大多数成功者之所以能够获得成功，就是因为他们都是坚定不移、意志坚强的人。不管是面对失败还是成功，也不管是感到满意还是遗憾，他们总是斗志昂扬，勇往直前。就像一艘船在海里航行，总是乘风破浪，无所畏惧。从这个意义上来过，不管我们在生活中扮演怎样的角色，都朝前看吧。唯有端正态度，积极面对人生，我们才能迎来更加美好的未来。

尽情享受当下，不要“暴殄天物”

对于每个人而言，“今天”都是命运最珍贵的馈赠。只要拥有今天，我们就是世界上最幸福富有的人，而不应该有任何的抱怨或者愤愤不平。今天，是组成人生唯一的日子。不管是昨天，还是明天，最终都必然变成今天，才能融入我们的生命。在浪费美食的时候，人们会被批评“暴殄天物”，其实浪费时间，更是极大的“暴殄天物”。有些豁达的人会说，每个人都行走在黄泉路上。这样的话虽然听起来残酷，却揭示了每个生命都向死而生的道理。不管是金钱名利，还是其他的一些身外之物，在生命面前，都显得轻飘飘的，可有可无。唯独爱，是生命唯一的陪伴。一个人如果想不负此生，就应该努力享受当下的每一天。很多人立足高远，却好高骛远，动辄就是人生理想、宏图伟业，殊不知再伟大的梦想，也必须落实到人生中的每一天。任何人，不管身份高低，都必须立足当下，才能真正拥有充实的人生。

很多人总是不停地抱怨，或者杞人忧天。他们几乎每天都在为逝去的日子遗憾，也在为未到来的日子感到担忧，最终失去了现在的日子，错过了人生中最重要的今天。浪费食物尚且可耻，浪费时间则就是可怕了。众所周知，时间是组成生命的材料，每一分钟每一秒钟的浪费，就意味着我们的生命缩短了。生活就在当下，这一点毋庸置疑，唯有把握好当下的每一刻，我们的人生才更加充实。所谓的杞人忧天，所谓的瞻前顾后，所谓的忧心忡忡，无疑都是在作茧自缚。

给全世界人民带来光明的爱迪生，因为家境贫寒，只上过三个月的小学。

在此后的漫长时间里，他的老师就是他的母亲，正是在母亲的指导和悉心教诲下，爱迪生才最终成才。曾经，老师看到爱迪生做的丑陋的小板凳，断定爱迪生是个愚笨的人，却万万没有想到爱迪生后来成为赫赫有名的伟大发明家。

为了能够专心致志地从事研究工作，爱迪生在新泽西州成立了一个实验室，每天埋头于各种各样的实验。在一生之中，爱迪生的发明高达两千多项，是个不折不扣的“发明大王”，对于整个人类社会都起到了巨大的推动作用。爱迪生的人生之所以收获如此之多，正是因为他非常珍惜时间。对于他而言，这一生的时间就像是一道大餐，必须好好享用，不能浪费片刻。爱迪生经常告诉助手：“最大的浪费就是浪费时间。人生如此短暂，我们必须想尽办法尽量节约时间，才能让人生变得充实，才能做更多有意义的事情。”

有一天，爱迪生和往常一样正在实验室里工作，他顺手把一个还没有安装灯口的空玻璃灯泡递给助手，说：“你量一下灯泡的容量。”说完，他继续埋头于实验。过了很久之后，爱迪生问容量是多少，助手却不吭声，他抬头一看，原来助手正忙得热火朝天，拿着尺子、纸笔计算和测量灯泡的容积呢！爱迪生无奈地责备：“已经过去很久了，怎么还没量好？”说完，他拿起空灯泡注满水，然后又让助手用量杯测量水的体积。就这样，助手马上就读出了量杯的读数。

爱迪生语重心长地说：“这个方法简单又实用，要动脑筋想啊！如此浪费时间，简直是罪过啊！”

助手面红耳赤，爱迪生喃喃自语：“人生如此短暂，却有那么多的事情要做，我们必须节省时间啊！”

一个人在短暂的一生之中作出了两千多项发明，不得不说，爱迪生对于时间的利用率是非常之高的。生命对于每个人都只有一次，不管你的身份地位是高贵还是卑微，唯独在时间面前，人人平等。既然如此，我们有什么理由不珍惜时间呢！与其浪费生命中最宝贵的馈赠，不如从现在开始珍惜分秒的时间，将其用于做些有意义的事情，这样才能有效拓宽生命的宽度，延长生命的长度，让生命变得更加充实。

昨天、今天和明天，你只有今天

生活中，人们常说好汉不提当年勇，不管过往多么辉煌灿烂，一旦时过境迁，如果只一味地沉浸在过去中，人们就会渐渐地惧怕面对未来，甚至对现在也失去信心。我们必须认清一个事实，不管过去是悲伤还是喜悦，都只能作为人生偶尔的回味，成为真正的历史。而不能总是沉浸在过去中，导致错过了今天，也没有准备好面对明天。古代社会，人们很相信那些占卜的人，因为他们能够预知未来。未来即使再怎么美好，也还没有到来，决定我们今日生活的，依然是我们今日的努力付出和坚强乐观。而且，即便神算子把我们的未来说得多么美好，假如我们今日不能充实地度过，而是好逸恶劳，则一定无法迎来真正美好的明天。

你一定也曾对昨天的失落耿耿于怀，或者因为未来的许诺而意气风发，但是你却没有发现，当你用今天来缅怀昨日，用今天来憧憬明日的时候，你的今天已经毫无所获地悄然溜走了。实际上，人们最容易失去的就是今天，因为它总是不知不觉地悄悄从生命中溜走，让我们毫无觉察。

在美国华尔街，伊文思工业公司是一家非常有实力的公司，而且生命力很强。不过，这家公司的创始人爱德华曾经差点儿因为绝望选择结束生命，这到底是为什么呢？

原来，爱德华从小就出生在贫困的家庭里，穷人的孩子早当家，刚开始时，他靠着卖报纸贴补家用。后来渐渐长大，他就进入一家商店当销售员。如此苦苦积累，直到八年之后，爱德华才得到人生的第一桶金，开始努力开创事业。也许命运总是无情，正当爱德华的事业发展很好时，他为之担保的一个朋友破产了。要知道，爱德华给朋友担保的是一张大额支票，这直接连累了爱德华也跟着承担债务。所谓福无双至，祸不单行，没过多久，厄运接踵而至，爱德华存款的那家银行也因为经营不善倒闭了，这样一来，爱德华不但身无分文，还负债十几万元。因为这个沉重的打击，爱德华突然身患怪病，全身瘫痪。看到爱德华消沉的样子，医生毫不犹豫地下了病情诊断，说：“你只能再活两个星期了。”爱德华恍如遭受晴天霹雳，心如死灰，最终痛定思痛，才意识到原来生命是最值得珍惜的。为此，他放开一切的心事和烦恼，也彻底抛开那些身外之物，只想要活好自己剩下的日子。在豁然开朗的心境之中，爱德华渐渐恢复了健康，不但没有于两周之后死去，反而再过了六周之后，生龙活虎地开始工作。原来，在面前生与死的抉择后，爱德华知道，在灾难面前，懊悔根本于事无补，也不用患得患失，只有脚踏实地地从现在做起，才能重头再来。就这样，爱德华的工作进展顺利，没过几天，他就开创了伊文思公司，成为赫赫有名的大老板。

爱德华因为接连遭受打击，甚至产生了轻生的念头，导致身体也突然出现障碍，无法自如地行走。然而，当医生真的宣判他即将死去时，他又猛然意识到生的可贵，产生了积极奋发的力量，所以人生才能再次开始，重新起航。

人生只有今天，昨天和明天只存在于我们的回忆和憧憬中。这么想来你会发现，人生就是由每一个近在眼前的今天组成的，既无需缅怀昨天，也无需憧憬明天，只要把握今天，我们也就把握了人生。

幸福就是过好现在的每一天

生活中，几乎每个人都在追求幸福，幸福到底是什么呢？幸福是曾经的辉煌吗？还是对未来的无限憧憬，帮助我们画饼充饥？都不是。幸福是活在当下的我们此时此刻的感受和心境。只要发自内心地觉得幸福，我们就真的幸福。否则，即便拥有再多的物质条件，我们也是不幸的。幸福还是知道生活的所在，不会因为觉得生活在昨日而为昨日懊悔，也不会因为觉得生活在明日而为明日惦念。幸福，就是抓住手中实实在在的现在，不悲观不懊悔，始终都能怀着最好的态度面对此时此刻。

早在康熙年间，李毓秀就在《弟子规》中写道："朝起早，夜眠迟，老易至，惜此时。"这句话的意思是说，人的一生非常短暂，我们应该珍惜时间，早晨要早点起床，夜晚要晚点睡觉。朱自清在《匆匆》中也说，"燕子去了，有再来的时候；杨柳枯了，有再青的时候；桃花谢了，有再开的时候。但是，聪明的，你告诉我，我们的日子为什么一去不复返呢？——是有人偷了他们罢：那是谁？又藏在何处呢？是他们自己逃走了：现在又到了哪里呢？"充分表现出作者对于时光飞逝的感慨。时间的脚步匆匆又匆匆，一旦走开，就再也不会还复。每一个人，在春来东去中，在太阳的东升西落中，都要更加抓紧时间的脚步，给予自己一个充实的人生。很多人觉得浪费今天的一天时间并无紧要的，毕竟还有无数个明天在等着我们呢！然而，明日复明日，明日何其多，我生待明日，万事成蹉跎。任何人，假如一味地把事情推给明天去做，那么早晚那些无数个明日会越来越少，直到生命的最后一日。

和今天相比，昨天无疑已经成为历史，变成静止的固态，而明天又远未到来，还充满了无数的未知。唯有今天，能帮助仓皇失措的我们抓紧时间，获得些许的安慰。当然，对于任何人而言，最容易把握的是今天，最容易失去的也是今天。一个人要想得到幸福，就必须把握住今天。今天，是我们生命中的幸福源泉。

很久以前，有个国王年轻英俊，才华横溢，因而把国家治理得井井有条，百姓安居乐业。但是国王却有两个问题始终盘亘在心头，无法释怀。他不知道，人生中哪个时刻才是最重要的，也不知道自己一生之中最重要的人是谁。为此，他走进深山老林里，想向一位智者寻求答案。

经过长途跋涉，国王历经千辛万苦才来到智者面前。智者满头白发，正盘腿坐着从泥土里挖土豆出来呢！国王虔诚地问智者："智者，天下人说您无所不知，无所不晓。您能告诉我，人生之中哪个时刻最重要，哪个人最不能舍弃吗？"智者不言不语，继续挖土豆，过了很久才对国王说："你帮我把土豆拿到河边洗洗吧，我准备土豆汤，你也可以喝一些。"国王以为智者是在考验他，所以才提出如此莫名其妙的要求，因而没有提出任何异议，就全盘照做了。不想，几天过去了，智者依然对国王不过分热情，而是每天都让国王帮他洗菜，做家务等。几天之后，国王的耐心消耗殆尽，终于按捺不住暴躁的脾气，说："我已经等了你好几天了，你到底什么时候回答我的问题呢？"智者不知所以地看着国王，说："你在等什么？答案我在你提问之后就告诉你了呀！"这下子轮到国王一头雾水了，他说："我并不知道答案啊！"智者笑了，说："我邀请你和我一起喝土豆汤，还让你住进我的家里，这不就是答案嘛！对你而言，每一天都是最重要的一天，重要的时刻就是此时此刻。至于最重要的人，你会发现你正在面对着的这个人，就是最重要的人啊！此时此刻，对于你而言最重要的就是我，因为我就在你的身侧。"

人生之中到底什么最重要？我们唯有抓住了自己最珍视最在乎的东西，才能获得幸福。但是，幸福和生活一样，都只在当下。千万不要说自己曾经多么幸福，因为那份幸福已经成为历史，也不要承诺自己未来一定会多么幸福，因为幸福还未到来，太过遥远。我们唯有抓住此时此刻，好好珍惜陪伴在身边的亲人、爱人和朋友，才能获得幸福。

对于任何人而言，人生中最重要的时刻都是现在。因而，珍惜当下，活在现在的人是最幸福的。至于人生中最重要的人，也许每个人都会给出很多不同的答案，但是毋庸置疑，只有在我们身边的人才会与我们的生活密切相关，才会帮助我们得到切实的幸福！总而言之，过好生命中的每一天，爱着身边的每一个人，我们就能得到梦寐以求的幸福！

幸福是把握拥有，而非这山望着那山高

生活中，很多人都在抱怨，觉得自己拥有的不够多，觉得自己得到的不够好。难道是命运真的对你不公平吗？其实不然，归根结底的原因，是因为你有一颗贪婪的心，对于自己得到的一切总是不知道珍惜，更不觉得满足。而对于

自己未曾得到的那些，却又始终惦念，无法释怀。活在当下的人则不会这样。他们爱自己所选择的，珍惜自己所拥有的，很少为了不曾得到的而整日怨天尤人。他们既能够洒脱地对待那些曾经发生的事情，曾经错过的人，也能满怀憧憬地畅想未来，这一切都不妨碍他们过好当下的每一分每一秒，珍惜守候在自己身边的那个人。

对于每个人而言，生命都只有一次机会，而且非常短暂，不可重来。这仅有的一次生命绝不像是人们在戏台上，可以随便地演绎各种角色，即使演出失败，只要幕布一拉又是一场新的开始。人生如戏，却不像戏那样随时随地可以再来。人生如梦，却不像梦境那样随心所欲。人生，就是一场没有彩排也不可重来的一幕戏，按照既定的顺序上演，不管我们是否愿意，都只能继续这样的人生。毋庸置疑，每个人的人生轨迹都是完全不同的。但是相同的是，每个人在人生之中都必然要遭受坎坷挫折，都难免会受到伤害。甚至有些人生还会大起大落，遭遇致命的打击。只要还活着，我们就必须坚强地面对这一切，努力地消化命运对于我们的捉弄。

从本质上来说，生命是很脆弱的。因此人们所说的生如蝼蚁，其实很有道理。当生活节奏变得越来越快，当工作压力变得越来越大时，我们必须学会放缓生活的脚步，给予自己一个喘息的时间。否则，如果我们这山望着那山高，也许就会与原本拥有或者唾手可得的幸福失之交臂。

自从结婚以后，小薇越看大伟越感觉不满意、不顺眼。原来，大伟是小薇的妈妈看中的好女婿，小薇原本并不喜欢大伟这样的老实憨厚款，恋爱进行得也没有激情和浪漫。但是妈妈却说：“过日子要什么浪漫呢，浪漫能当饭吃吗？对于男人而言，最重要的是踏实可靠，你没看有多少年轻人离婚的吗？”在妈妈的强烈建议下，小薇心不甘情不愿地嫁给了大伟，结婚后却发现大伟比恋爱的时候更加让人索然无味。面对如同白开水一样的婚姻生活，尽管大伟对小薇呵护备至，但是小薇依然很快厌倦了。

结婚第二年，由于缺乏感情基础，小薇就与单位里的一个中层管理者陷入了婚外恋的漩涡中。这个中层管理者也有家庭，看起来风流倜傥，最重要的是为人风趣幽默，也很懂得幽默。小薇是在一次出差的时候，与这位管理者有了亲密接触，导致产生婚外情的。为此，她下定决心，趁着还没有孩子，果断离婚，当然她也没忘记动员那个完美的婚外恋人离婚。得知小薇的心意后，大伟几乎没有过多阻拦，就同意了。但是小薇离婚之后，左等右等，却等不来那个完美的婚外恋人。尤其是当看到小薇真的离婚之后，那个婚外恋人甚至故意躲着小薇走，再也不对小薇呵护备至。下班之后拖着满身疲惫回到家里，小薇不由得想起曾经亮着温暖灯光的家，还有大伟提前做好的美味饭菜。如今，家里等待她的只有漆黑冰冷的空气，和让人窒息的寂寞。

在这个事例中，小薇之所以不能幸福，是因为她总是念念不忘自己得不到的一切，而对于到手的幸福却视若无睹。其实，什么叫幸福，什么叫爱情呢？幸福绝不是飞蛾扑火，爱情也不是昏昏沉沉。一切轰轰烈烈的爱情，最终也还是要落实到实实在在的生活中，与柴米油盐酱醋茶息息相关。假如你的爱情始终漂浮在梦幻里，那么注定是无法长久的。就像小薇一样，其实她所追求的只是刺激，直到失去才意识到大伟给她的幸福安定是多么可贵。

活在当下，获得幸福，就是要珍惜自己已经得到的一切，也珍惜自己身边的那个人。尤其是爱情，所谓人无完人，我们自己本身也不完美，因而也就不要奢求另一半那么地完美无瑕。只有接受对方的不完美，理智面对彼此的生活，我们才能更好地抓住爱情，享受幸福的滋味。当然，珍惜拥有并非只体现在爱情一个方面，我们要珍惜自己已经得到的，不要为了梦想中的那些遥不可及的东西，失去现在握住的一切。

把当下活得充实，生命便有了现实的意义

一个人如果抛弃了今天，那么他最终也会被今天抛弃，甚至失去自己珍贵如生命一般的宝贵光阴。每一个成功的人，每一个充分实现了人生意义和价值

的人，无一不是能够抓住今天的人。一个人如果总是与今天失之交臂，人生的质量就会下降，甚至长度和宽度也会缩水，这一点是毋庸置疑的。遗憾的是，总有些人喜欢自欺欺人，他们就像一个不称职的和尚一样，当一天和尚撞一天钟，只盼着白天的时间早早过去，这样就能进入休闲的阶段，度过莺歌燕舞的夜晚。如果人生只剩下享受，那么享受就会变成空虚的代名词，人生也会随之堕落，失去现实的意义。

要想把握住人生，毋庸置疑，必须活好当下的每一天。大凡成功的人，都是因为充实地过好每一天，点点滴滴地努力着，持续积累着人生的资本，执着于自己感兴趣的事情，坚持不懈地付出。而大多数人生中的碌碌无为者，无一不是懵懂度日，在生活和工作上都蒙混过关。

在深山里，有一个寺庙。寺庙里有一个老和尚，带着很多小和尚。有个叫悟空的小和尚，每天清晨都要负责清扫落叶。秋天到了，他即使扫好几遍，只要有大风吹过，院子里又马上会有很多落叶。为此，悟空觉得很辛苦，因为负责其他卫生工作的小和尚都很清闲，唯独他必须马不停蹄地扫落叶。他每天都在想啊想啊，只想找到一个好办法，能够让他一次就扫除所有的落叶。

这天午后，悟空又在愁眉苦脸地凝神细思。小和尚悟净看到之后，问："悟空，你怎么了？"悟空忧愁地说："秋天到了，总是不停地有树叶落下来，怎么扫也扫不干净。"悟净哈哈大笑，说："这个问题还不简单嘛，只要你在扫之前，抱住树干使劲地摇晃，树叶就一定会全都掉下来，这样你不就可以一次扫干净了吗！"悟空觉得悟净说得很有道理，马上照着悟净说的去做了。他虽然累得满头大汗，但是心里却很高兴，暗暗想道：这下子我终于不用每天都清扫落叶了！但是等到第二天起床，悟空傻眼了，原来满院子依然都是落叶，就像是他从未打扫过一般。悟空目瞪口呆地站在那里，不知所措。老和尚看到他的样子，问清楚缘由，说："傻孩子，凡事都有规律，你只需要负责你今天的工作，又何必为了明天的到来而担忧呢！等到明天，经过一夜的休养生息，你又会活力充沛啦。而且，就算你很用力地摇晃树木，到了明天，依然会有树叶飘落，又何必要违背事物发展的规律呢！"

老和尚的话给我们以深刻启迪。人生中有无数的未知即将发生，我们既不需要沉湎于过去，也无需为了未来忧愁。只有按照事物发展的规律坦然接受大自然最好的安排，我们才能顺势而为，心怀坦荡，再也不会为了还未到来的事情寝食不安。

曾经有人说："在我们的生命中，'现在'是唯一的存在。在任何情况下，'过去'和'未来'都不是并存的，我们无需为此耿耿于怀。只有充实地度过当下，把握好人生中每一刻的现在，我们才能更好地享受生命，不虚此生。"假如一个人每时每刻都在为了未来而苦恼，导致无法全心全意地面对当下的生活，从而对当下的幸福视若无睹，那么他的人生必然局促、僵硬，甚至充满了各种不完美。朋友们，一定要记住，当你预支了明天的烦恼，你今天的幸福也会随之悄然溜走，但是你明天的烦恼却依然存在。如此得不偿失的买卖，相信没有哪个聪明人愿意做吧！从现在开始，就让我们怀着感恩的心拥抱每一个此刻吧，因为每一个此刻都是我们生命中不可重来更不可复制的美好时刻。

人生的意义只在"当下"

每个人都想要拥有充实的人生，既有长度，也有宽度，最好不留下什么遗憾。毫无疑问，这样的人生是接近于完美的，也是每个人梦寐以求的，但是命运却偏偏喜欢捉弄人，现实生活中很少有人拥有这样的人生。大多数人都会为了生计烦恼，对于普通人家的孩子而言，只管好自己的事情、快乐无忧地成长是远远不够的，有的时候还要为了家庭的困窘想尽办法，贡献自己的一份力量！这也就注定了众生百态，每个人的人生都是完全不同的模式和过程。

面对生活的坎坷和挫折，还有很多未知的苦难，我们该如何应对呢？其实，当过去已然成为不可更改和回溯的历史，未来也远远还没有到来。我们更应该做的是，活好当下，把握好每一个“今天”。只要做到当下的充实和无怨无悔，我们的人生就是完满的。记得曾经有人说，应该把每一天都当成生命中的最后一天来过……的确，如果我们能够把每一天都当成生命中的最后一天，那么我们的人生一定会变得无比充实，了无遗憾。从这个角度上来说，人生的意义既不在于那或者辉煌或者苦难的过去，也不在于那想象中绚烂无比的未来，而只在于“当下”，就是此时此刻。

很多人误以为现在就是永恒，殊不知，时间正在你的无知无觉中悄然溜走。时间的脚步是悄无声息的，总是在不断流逝的，无法失而复得。也许有人会说，我还有将来。从本质上来说，将来是现在的延续。假如没有现在，假如不能好好地度过现在的宝贵光阴，也就无所谓将来，或者说是失去了将来。现在和将来，就像因果的关系一样，现在是因，将来是果。如果现在没有了，那么又怎么会有将来呢？正是基于这个原因，人们才说要活在当下。因为只要我们一直活在当下，充实地度过当下，将来也必然不会很差。

美国大名鼎鼎的学者伯纳德·伯伦森已经年届九十了。在如此高寿的年纪，必然有着对于人生和生命独特的感悟，因此有人特意问他：“在一生之中，您觉得最值得珍惜的是什么？”他说：“当然是时间。活到我这个岁数，才知道时间弥足珍贵。假如可以乞讨时间，我愿意放下所有的一切，站在街头向每一个路过的人讨要他们不需要的时间，对于我而言，这是多么弥足珍贵啊！遗憾的是，很多人并未意识到时间第一的道理，更不知道时间是每个人生命中最珍贵的资源。在诸多形式的时间里，今天又显得尤为重要，我们的生命就是由无数个今天组成的。我们待人处事，一定要坚持秉承珍惜时间的原则。当我们真的下定决心要做一件事情，必须马上毫不耽误地去做，千万不要想着还有明天可以利用。”

从伯纳德·伯伦森的话中，我们不难看到这个高龄老人对于时间的深刻理解，这也是一生之中的感悟。对于任何人而言，时间都是弥足珍贵的。要想做到珍惜时间，我们就要不拖延，集中所有心力面对当下，把当下活得充实而美好，就相当于把握了未来。

活在当下的人很少为过去懊恼，也很少为了尚未到来的明天心烦。正因为对已经成为历史的过去无悔，对即将到来的无忧，所以人生才能超然洒脱，浑身轻松。当然，活在当下并非意味着对未来没有任何计划，也从来不进行思考。所谓活在当下，也应该且必须对未来进行适当规划，给自己的人生确定方向。这样，我们的所作所为才更加有效率，我们的人生也才能事半功倍。

永远对当下说“是的”

心理学家经过研究发现，人生中的很多烦恼和痛苦其实都是无中生有，空穴来风。在明智的人那里，这些痛苦根本没有必要存在。那么，为什么人会不知不觉地陷入痛苦之中呢？众所周知，痛苦是一种情绪。人们之所以痛苦，与痛苦的本质也是密不可分的。即当忧郁、沮丧等负面情绪占据你的思维时，你就会产生痛苦。通常，这种痛苦与人生是相互对抗的，表现在情绪方面也是负面消极的。我们越是抗拒当下的生活，对生活不满意，痛苦也就更多更深刻。相反，假如我们能够积极地接纳和拥抱现在的生活，痛苦就会减少甚至消失，古人所说的知足常乐即是这个道理。

负面情绪为什么会让我们排斥和抗拒当下的生活呢？通常，拥有负面情绪的人不愿意面对当下，而是一味地沉迷于过去的生活，或者不断地幻想未来的生活。对于当下而言，过去和未来都是毫无意义的，因为过去已经成为不可改变的历史，而未来也因为还未曾真实地发生，所以根本算不上客观的存在。由此可见，我们必须悦纳当下，才能坦然接受自己，也才能让自己活得更加洒脱。否则，当我们不停地逃避或者抗拒当下，负面情绪就会持续积累，最终造成恶果。

马阿姨的老伴去世了，马阿姨一直沉湎在痛苦之中无法自拔。她与老伴几十年来一直两地分居，老伴是军人，他们夫妻的生活也就聚少离多。如今老伴终于回到她的身边，他们也才刚刚享受了几年相依相伴的生活，马阿姨简直觉得是在热恋一样，就这样生离死别，再无相聚的机会了。想到这里，马阿姨就会以泪洗面，简直觉得日子没法继续下去了。

原本，她远在美国的女儿在父亲去世时回来一阵子，也陪伴了妈妈一段时间，但是因为学业未完成，她只得再次回到美国。当得知马阿姨在家里过得很不好时，女儿心中也很不安，几乎每时每刻都在惦念马阿姨。为此，她和妈妈商议："妈妈，要不你再找个老伴吧。"马阿姨愤怒地呵斥女儿："你这个不孝女说什么呢，你爸爸尸骨未寒啊！"女儿耐心地说："妈妈，如果爸爸在天有灵，看到你这个样子，一定会万分心疼和伤心的。他活着的时候没能好好陪伴你，如今他离去了，当然不愿意你继续在孤独寂寞中了却一生。你还年轻，未来还有很长的路要走呢，不能就这么下去。如果你继续这样伤心欲绝，我想我不得不申请休学，回家陪伴您。"马阿姨说："孩子，你的孝心我心领了。我接受不了别人，也不想接受别人。不过，我愿意试着改变，习惯没有你爸爸的日子。我可以当他还在军营里，就像你小时候一样，你安心读书，好吗？"后来，女儿又打电话给小区中与马阿姨相熟的阿姨，委托她们好好开导马阿姨，也尽量帮助她走出阴影。

少年夫妻老来伴。对于年少时聚少离多的夫妻而言，终于到了老了做伴的时候，有一方却突然离世，自然是让人难以接受的。尤其是马阿姨，与多年来一直两地分居的丈夫终于相聚，就像是热恋中的情侣一样，当然更觉得痛彻心扉。然而，任何事情一旦发生就无法改变，我们除了接受，又能怎么样呢？虽然很多事情的确是让人难以接受，但是命运就是如此安排的，别无选择。

接受命运赐予的一切，这是每个人的宿命。也许做不到坦然，但是时间终究是最好的药，能够治愈人们心底的伤。无论情况如何糟糕，发生了就是合理的存在，不要对于事实怀着严重的抗拒心理，这只会让你陷入更深的悲伤和绝望之中。悦纳生活中的一切吧，你的人生也许会因此而舒展开来。

第11章　当你笑脸面对生活，它也会回报你以笑脸

生活就像一面镜子，当你对着它微笑，它也会回报你以笑脸；当你对着它哭泣，它也会表现出悲戚的一面，甚至带给你更多的莫名感伤。生活就像一面镜子，面对生活中的人和事，你的表现往往也就决定了别人的表现，所以人们常说善待他人也就是善待自己，宽容他人也就是宽宥自己。还有人说赠人玫瑰，手有余香，假如你想在生活中得到他人的帮助和馈赠，首先就应该怀着一颗给予的心，不求回报，只求心安。我们必须善待生活，最终才能得到生活的善待。

感恩，让世界在你心中绽放

陈红的《感恩的心》，唱红了大江南北，也给人们带来更多积极的正能量。遭遇生活坎坷和挫折的人会唱《感恩的心》，让自己更加充满积极的力量勇往直前；甚至监狱里的那些服刑人员，也会在管教的组织下唱《感恩的心》，让自己获得新生，对世界充满感激。

生活中，有很多人都在怨声载道，抱怨父母没有给自己一副俊美的容貌，抱怨命运不公学习成绩不够好，抱怨工作不如意，抱怨失去的太多得到的太少……这么多的抱怨，充斥着人生，使人们根本没有时间更好地享受生活，充实地过好人生的每一天。就像人的肺一样，人生也是有容量的。当你的心中充满了烦恼和抱怨，就会挤占原本应该容纳快乐幸福的空间，导致你的人生也如同你的心一样，失去了幸福快乐，到处都是烦恼和抱怨。相反，假如我们每天清晨起床就怀着一颗感恩之心，感恩阳光、空气和水，感恩一直陪伴我们身边的家人、朋友，感恩镜子里那张熟悉而又陌生的脸，那么我们的人生就会变得完全不同。原本惹人烦恼的事情，我们也会觉得快乐，同时带给别人快乐。当

别人需要帮助时，我们也可以及时伸出援手，收获的微笑同样让我们内心温暖。总而言之，只要你拥有一颗感恩的心，你收获的就将会是美好、快乐、幸福。

在法国郊区的一个偏僻村庄，有一口神奇的泉眼。据说，这口泉眼里流淌出来的水，常常带着神的旨意，能够治愈很多疑难杂症，给人们带来福祉。有一天，镇子里一户人家的儿子从战场上回来了，他失去了一条腿，拄着拐杖。看到这个为国家和人民作出贡献的人，镇上的很多居民都对其满怀同情，窃窃私语："如果这个可怜的人能去喝一些神奇的泉水，向上帝祈祷再给他一条腿，那该多好啊！"不想，退伍军人听到了人们的议论，说："我不奢求再得到一条腿，只要上帝能够告诉我失去一条腿后如何好好生活，我就很心满意足啦！"

作为美国总统，罗斯福从来不会高高在上，而总是平易近人。而且，罗斯福对于生活总是怀着感恩之心，从不抱怨生活，而是坦然接受生活中发生的一切事情。有一次，罗斯福家中遭遇窃贼光顾，丢失了很多贵重的东西，得知此事后，一位朋友赶紧写信安慰罗斯福。罗斯福却给朋友回信："朋友，非常感谢你写信来安慰我。我只想说，我现在很好。感谢上帝：首先，窃贼只偷窃了我的财产，而没有剥夺我的生命。其次，盗贼只偷走了我的部分财产，好歹还给我留下了一些。最后，尤其要感谢上帝，他是盗贼，而我不是。"

在第一个事例中，退伍军人失去了一条腿，却毫不抱怨，而是庆幸自己还活着，而且也希望自己能够好好地活下去。怀有这样感恩的心，相信他的生活一定不会因为身体的残疾而黯然失色，相反，他还会因为更加珍惜生命感恩生活，拥有更加充实而又精彩的人生。在第二个事例中，大多数人面对失窃的惊吓和损失，一定会怨声载道。但是罗斯福总统则不然，他很庆幸这一切的发生，并且为此感谢上帝，感谢命运。不得不说，罗斯福总统是一个有着感恩之心的人，也正是因为如此，他才能更加积极乐观地面对生命的一切馈赠。

很多人因为生活中的一些小事抱怨，实际上这些事情既不会对人生产生严重的影响，而且其中有些事情一经发生，还是无法改变的。在这种情况下，抱怨除了徒增烦恼之外，可谓于事无补。既然如此，与其徒劳无益地抱怨，不如怀着一颗感恩之心，把原本用于抱怨的时间用来做力所能及的补救，或者做好接下来的事情，这样反而更有意义，效率也会成倍增长。

赠人玫瑰，手有余香

一个盲人每天晚上出行，总会点亮一盏灯，对此，邻居很奇怪地问："既然你看不到灯光，又为何要点灯呢？难道对你而言，点不点灯不都是一样的吗？"盲人笑了，说："当然不一样。我虽然看不见，但是别人却能看见我，这样他们就不会撞到我了，这岂不是就像我也拥有了眼睛一样吗？"盲人的话虽然简单，但是却为我们揭示了一个深刻的道理，即当我们为别人点亮一盏灯时，自己也会拥有光明。所谓赠人玫瑰，手有余香，虽然在付出的时候我们不应该想到回报，但是我们的确得到了莫大的收获，那就是帮助别人的快乐。

在一个飘飞着鹅毛大雪的冬天，有个小男孩艰难地行走在没过脚踝的积雪中，他在推销产品，为自己挣学费。小男孩已经走了整整一天了，眼看着天就要黑下来，他却没有推销出去一件商品。此时的他饥寒交迫，已经没有力气继续走下去。然而，即使掏遍全身的每一个角落，他也依然只找到一个钢镚。这点钱根本什么也买不到，他只能敲开不远处那户人家的门，讨要一点儿食物充饥了。然而，当一个看起来非常年轻的女士打开门的一刹那，小男孩突然改变注意，他满脸通红地说："请问，我能要一杯热水喝吗？"年轻的女士点点头，转头走进屋子里，过了足足好几分钟，才端着一大杯牛奶来到门口。男孩捧着这杯热乎乎的牛奶，一口一口慢慢喝完了，才羞愧地问："请问，这杯牛奶要多少钱？"年轻的女士笑着说："不要钱。奶奶告诉我，赠人玫瑰，手有余香。"男孩很感动，再三表示感谢之后，离开了。此时此刻，他感到无比温暖，浑身也充满了力量。

多年以后，男孩大学毕业之后，进入一家著名的医院成为救死扶伤的医生。偏偏此时，当年的那个女子得了一种怪病，当地的医生们全都无计可施。最终，她辗转来到男孩所在的医院进行治疗，大名鼎鼎的爱德华医生也参加了会诊。女士不知道，这位爱德华医生，就是曾经得到她一杯牛奶馈赠的男孩。当看到患者的家庭住址时，爱德华医生心中突然涌起不一样的感觉，似乎有心电感应一般，他立刻起身奔到病房门口，果不其然，虽然光阴在她的脸上留下了印记，他依然一眼就认出，她就是当年送给她一杯热牛奶的好心人。回到诊室，他马上召集其他医生召开会议，并且在最短的时间内制定了合理的治疗方案。经过手术，她渐渐康复，眼看着出院在即，她却很担心高昂的医药费。当护士把药费通知单送给她时，她颤抖着，几乎不敢看最后的金额。当她提心吊胆地终于看到最后那行药费总额时，却发现上面赫然写着："药费已结清：一杯热牛奶。爱德华医生。"女士潸然泪下。

每个人生活在这个世界上，难免都会遇到坎坷挫折，仅凭一己之力是很难顺利渡过人生难关的，在这种情况下，我们就需要得到他人的帮助。如果力所能及，就应该尽量帮助别人，因为我们也常常需要他人的帮助。也许有人会说，今天我帮助了他人，他人未必有能力帮助我。其实，这样说的话，爱的传递就太狭隘了。爱的传递并非仅限于两者之间，而是可以在整个人类之间传递。我们每个人都应该心怀大爱，虽然未必会像事例中的女士那样在若干年后遇到医术高明的爱德华先生，但是在我们帮助他人之后，也一定会得到其他人无私的帮助和爱。这就是人世间的博大之爱。

做一个心平气和的人

在熙熙攘攘的现代社会中，每个人都要面对诸多的人和事。尤其是面对纷繁复杂的人事关系时，每个人也必然采取完全不同的态度应对。如何才能如鱼得水地处理好人际关系呢？如何才能游刃有余地面对越来越复杂的生活情况呢？首先，我们必须把握自己的情绪，不要因为外界的各种变化而导致心绪不宁。唯有心平气和，我们才能更好地面对生活的诸多变故，也才能成为自己命运的主宰。很多时候，人们总是羡慕强者，其实生活中的强者就是能够控制情绪、主宰行动的人。那些看起来就像是个炮仗一样点火就炸的人，看起来很凶猛，其实是披着狼皮的羊，外强中干。

毫无疑问，每个人都会面临情绪的波动。当感到情绪激昂亢奋时，不如调整心绪，恢复平静；当情绪沮丧失落时，不如鼓舞自己，昂扬斗志。总而言之，当我们波澜不惊地面对生活，生活也会同样对待我们；当我们竭尽所能地帮助别人，也会被别人滴水之恩，以涌泉相报。结果总是那么让人愉悦，也让生命变得更加美好。

从前，有个小男孩脾气特别不好，动辄就火冒三丈，随便乱发脾气。有一次，他的父亲拿出一袋钉子交给他，说："如果你再想发脾气，就拿出一颗钉子，钉在你房间里的书柜上。"第一天，男孩发了二十几次脾气，他原本光滑的书架上钉满了钉子。男孩感到很心疼，他可不想让自己的书架千疮百孔啊。为此，他开始有意识地控制脾气，不让自己动辄就歇斯底里。随着时间的推移，男孩每天钉到书架上的钉子越来越少，直到半年之后，他好几天才会发一次脾气。一年过去了，男孩已经很少发脾气了，不过他的书架已经千疮百孔。父亲对他说："从现在开始，如果你成功控制住自己，少发一次脾气，你就拔掉一颗钉子。"足足用了两年多的时间，男孩才渐渐拔完钉子。看着千疮百孔的书架，他觉得很难过。父亲语重心长地说："孩子，你看，你已经很好地控制住了自己的情绪。不过，你每次发脾气留下的痕迹还在。你每次发脾气，钉子不但钉到了书架了，也钉到了那些爱你的人的心里。等到你怒气消除，拔掉钉子，但是留下的痕迹却很难消除，人心也如此。"

生活中，很多人都会有控制不住自己的时候，在这种情况下，人们很容易因此歇斯底里，导致做出过分的事情来。假如能够很好地控制情绪，人们在待人处世的时候多几分淡定从容，少几分歇斯底里，就能做一个淡定平和的人，宠辱不惊，闲看庭前花开花落，去留无意，漫随天外云卷云舒。

在很多情况下，一个肆意发脾气的人就像是关闭了与人交往的一扇窗，使自己与他人之间隔绝开来。在任何时候，我们都必须保持淡定平和，才能应对人生中突如其来的各种情况，也才能在为别人打开窗户的同时，给自己更开阔的视野，拥有整片天空的美丽。

人生的苦难，是孕育玫瑰的荆棘

记得有一首歌唱道，不经历风雨怎能见彩虹，没有人能随随便便成功。的确，没有人的一生会是始终顺遂如意的。大多数人的人生，总要经历坎坷挫折，才能守得云开见月明。可以说，苦难也是人生的一部分，而且是至关重要的一部分。在现实生活中，很多人抱怨生活的艰辛，也有很多人抱怨工作的不如意。殊不知，从未有完美的生活。人生即使充满苦难，我们也应该尽量少一些抱怨，更加积极乐观地面对生活。唯有如此，生活才会给予我们最丰厚的回馈。

如果你的抱怨和生活中的不如意一样多，一样琐碎，可想而知你的生活必然充满了烦恼，远离快乐。在一味的抱怨中，原本幸福的滋味也被掩盖，我们的眼睛只能看到各种各样的不如意，无法客观公正地评价生活，更无法积极乐观地面对生活。也许有人会说，抱怨能够缓解压力，殊不知，抱怨也会使你失去责任心和幸福感。面对人生的苦难，不如把它们当成是孕育玫瑰的荆棘吧，唯有如此，我们才能满怀期望地等待玫瑰的绽放，发自内心地感谢苦难的孕育。

作为著名的体操运动员，桑兰曾经被誉为中国的“跳马王”。然而，在美国纽约进行的友好运动会的体操赛场上，仅仅只是一场赛前训练，桑兰不慎发生意外，因为一个没有完成的翻转动作，导致颈椎着地，高位截瘫。就这样，这朵原本绽放的花朵，在17岁的年纪突然间凋零了。对于原本有着大好前程，如同精灵一样的桑兰，人生似乎戛然而止。这样的打击，是常人很难承受的。虽然在纽约得到了及时救治，但是依然难以改变桑兰高位截瘫的事实。然而，自从苏醒之后，桑兰从未流过眼泪。当身体初步康复再次出现在公众视野中时，桑兰更是始终面带微笑。在这样沉重的人生打击面前，桑兰的微笑彻底了征服了人们。在美国进行了十个月的治疗之后，桑兰病情稳定，终于回到了祖国的怀抱。

进入中国康复研究中心接受康复治疗，对于桑兰更是一个漫长而又痛苦的过程。由于高位截瘫，她面临很多严重的并发症，但是她都努力克服了。与此同时，她还努力恢复自理能力，不给身边的人增加负担。其实，对于桑兰而言，最艰难的是角色转换。曾经，她是“跳马王”，是运动场上的精灵，如今，她却成为一个高位截瘫的病人。然而，她还是一个19岁的年轻女孩，依然对生活充满着憧憬和渴望。后来，桑兰进入清华大学的附中开始学习文化知识，努力提升自己。对于社会各界的关爱，她也无私地捐赠出去，给那些更需要的残疾患者。如今，她还是人道主义的慈善大使，奔走在慈善的道路上。曾经跌倒的桑兰，更是结婚生子，拥有了正常人的生活，成为一个充满慈爱的母亲。

苦难之中，桑兰用坚强和毅力，交出了令人满意的答卷。如今的桑兰，和很多年轻的母亲一样，享受婚姻的幸福，享受初为人母的快乐。总而言之，她并没有因为一次意外就失去整个人生，反而因为这次意外得到了人生的馈赠，那就是坚强、乐观，微笑、开朗。桑兰的事迹告诉我们，面对人生的苦恼，与其哭泣，不如微笑着面对；与其抱怨，不如坦然接受；与其懊悔昨天，不如更加乐观地面对明天。

虽然很多人都抱怨命运不公，其实命运还是很公平的。当上帝为你关上一扇门，一定还会再为你打开一扇窗。只要你不会因为错过了太阳哭泣而错过群星，你总能抓住自己的好运，创造属于自己的人生精彩。

心宽才能天地宽，人生道路更宽敞

生活中，每个人都难免犯错误，可以说人就是在不断犯错的过程中逐渐成长和成熟起来的。既然如此，我们就应该摆正心态，坦然接纳他人的错误，也宽容自己的错误，只有积极地从错误中总结经验和教训，我们才能以错误为阶梯，不断进取。

对于他人的错误，有些人总是能够采取包容的态度，宽容以待，即便错误导致严重后果，也不会刻意指责或者抱怨。有些人则恰恰相反，他们一旦抓住他人的错误，就像揪住别人的小辫子一样不依不饶，正所谓得理不饶人，无理辩三分。在人际交往中，人们当然更喜欢前者，而不愿意和后者打交道。既然人非圣贤，那么谁又能不犯错误呢！我们今日抓住别人的错误再三批判，也许明天就会自己打自己的嘴。这样的情况一旦发生，不但招致尴尬，而且也会惹人笑话。因而善待他人就是善待自己，唯有我们以宽容之心对待他人，才能得到他人的宽容相待。

在现代社会，人际关系被提升到前所未有的高度，人脉资源也作为人生中的重要资源得到高度重视。大家都清楚，多个朋友多条路，多个敌人多堵墙，在任何情况下，我们都应该以搞好人际关系为基本原则，千万不要得理不饶人，得寸进尺。当然，在宽容他人时，我们不但要做到心口合一，还要做到言行合一。很多人的宽容是伪装出来的，难免会有破绽和瑕疵，很容易就会被识破。只有发自内心地宽容待人，这才真正做到言行合一。由此可见，心宽才能天地宽，人生的道路也会变得更加宽敞平坦。

清朝康熙年间，安徽桐城有名望的家族中，就数张家最显赫。原来，张家父子两代都在朝中当大官，势力无人能及。张英是文华殿大学士，还是礼部尚书。他在安徽桐城的老家和同为名望家族的吴家比邻，为了方便交通，两家之间有一个窄巷，可供行走便利。后来，吴家大兴土木，准备重新修建宅邸。为此，吴家想占用两家之间的通道，以扩大内院。得知这个消息后，张家坚决不同意，并且为此把官司打到了县衙门。县官考虑到两家都是名门望族，身份显赫，因而推三阻四，总是不愿意开堂审理。无奈之下，张家的人写了一封信给朝廷里的张英，请张英出面处理此事，一定要还给张家一个公道。得知事情的始末之后，张英觉得此事很好解决，因此他当即提笔修书：千里来书只为墙，让他三尺又何妨？万里长城今犹在，不见当年秦始皇。

张家的人读完这封信后，了解了张英的意见，因而主动让出三尺空地，以供交通便利。吴家呢，看到张家的态度如此宽容，也不好意思再霸占原本的道路了，因而也让出三尺地基，就这样，张吴两家之间有了一条六尺宽的巷子，六尺巷由此而来。

在这个事例中，如果张家坚持要讨个公道，而吴家也必然寸土不让，最终不但闹得很不愉快，甚至连邻居也没法做了。因为张英的宽容大度，不但不纠缠于吴家要占用两家之间空地的事情，反而还主动让出三尺提供交通便利，最终感动了吴家，让吴家也主动做出让步，从而方便了当地百姓们的生活，大家有了一条六尺宽的巷子交通往来。

宽容，不但是一种美德，更是待人处事的基本涵养。假如人人都能够宽容地对待他人，这个世界就会充满和谐友爱。当然，宽容虽然说起来只是简单的两个字，但是要想真正做到却并不容易。我们必须首先调整好自己的心态，才能做到内心的平和淡然，也才能以宽容的态度包容他人的错误，从而使人际关系得到提升和净化。

相信自己和他人，人生别有洞天

生活中，尤其是在危难的关头，我们常常觉得迷惘，到底应该相信谁呢？我们是应该相信他人，还是应该相信自己？其实答案很简单，我们既要相信自己，也要相信他人。在自信满满的时候，我们相信自己，果断行事。在缺乏自信的时候，可以经过理智判断相信权威人士，或者那些真心对我们好的意见和建议，也都可以虚心接受，理智参考。

有些人偏偏不愿意相信他人，然而，自己也没有很明确的决断，这样的人生是非常犹豫纠结的。一个人不可能在生活中面面俱到，因为人的能力和精力都是有限的。尤其是在工作中，随着行业分工和职业定位的细化，大多数职场人士都是术业有专攻，要想更顺利地处理工作，必须学会与其他同事、其他部门甚至其他公司进行合作。如果人与人之间缺乏了基本的信任，合作就会变得异常艰难。举个最简单的例子，哪怕你是作为顾客去商场买东西，如果对于销售员给你介绍的产品详情等都抱着怀疑的态度，那么你一定无法顺利买到自己需要的东西。由此可见，不管是对于熟悉的人还是陌生人，信任都是基本的敲门砖。

在这个信任缺失的时代，虽然相信别人是一件极具挑战的事情，但是信任别人却是难得的好品质。对于自信的人而言，相信自己很容易，相信别人却很难。如果我们总是对他人心怀疑虑，那么也必然遭到他人的怀疑，无法得到他人的信任。如此，人与人之间的关系就陷入了恶性循环之中，导致人际关系恶化。

在18世纪的英国，有一位富有的绅士直到深夜才下班回家。他走在清冷寂寞的路上，突然一个穿着破破烂烂、躺着鼻涕的小男孩挡住了他的去路。男孩看着绅士，说："先生，请您行行好，买一盒火柴吧。"绅士摇摇头，说："我不需要。"男孩没有放弃，继续拦在绅士面前说："请您行行好吧，我还没有吃东西呢！您只需要买一包就好。"绅士无奈地说："我没有零钱。"男孩拿着绅士举着的一英镑，说："我马上就会换钱回来。"绅士站在原地等了很久，但是却不见男孩的身影，只好遗憾地回家了。

次日，绅士正在办公室里工作，突然有个男孩申请求见。原来，这个男孩是卖火柴男孩的弟弟，他说："是我哥哥来让我给您找钱的，他昨晚过马路时因为着急，被车子撞上了。"听到卖火柴男孩受伤了，绅士深深为男孩的诚信感动，因而跟随着男孩弟弟一起来到家中，探望男孩。果然，男孩伤得很重，却因为家境贫穷，根本没有钱去医院。绅士当即带着男孩去了医院治疗，并且主动承担了所有的治疗费用。

信任的力量就是如此之大，男孩因为非常讲究诚信，才得到绅士的照顾，得以去医院治疗。虽然现代社会中鱼龙混杂，的确有很多骗子横行霸道，但是归根结底，还是值得信任的好人更多。

当然，不管是相信别人，还是相信自己，都是要讲究一定的度的。所谓凡事过犹不及，盲目自信就是自负，而如果不加选择地相信别人就是轻信。我们必须有自己的思想和考量，然后经过理智地思考，才能做出正确的决断。

在这个世界上，没有人是全能的，一个人也不可能仅凭自己的力量就面面俱到。我们必须拥有自信，有决断，有主见，然后也能够以客观的心态综合考虑他人的意见或者建议，才能做出正确的决定。所谓三个臭皮匠，抵个诸葛亮，任何时候都不要小看大家集思广益的力量哦！

第12章 人生是一场没有归途的旅行，让人无法抗拒

人生是一场旅行，只有去路，没有归途，而且途中也没有回头路可走。一旦发现走错了路，只能继续往前，或者迂回曲折地绕道而行，绝不能沉浸于懊恼之中，或者为了还未达到的终点杞人忧天，明智的人总会集中精神于当下这一时刻，从而帮助自己尽量完美地走好人生的每一步，也才能少些遗憾，多些豁达和从容。在很多人抱怨人生无常的同时，也有很多人在庆幸人生的神秘和新鲜。正是因为一步一景，也不知道自己未来要面对的是怎样的惊喜，人生才如此神奇，也充满无穷的魅力和吸引力。

海阔凭鱼跃，天高任鸟飞

人们常说，心有多高，舞台就有多大。还有人说，志向有多么高远，人生就有多开阔。无疑，这些话都是非常有道理的，只要不走入唯心主义的极端，在合理范围内，人的志向是否高远，与人生的开阔有很大关系。

有理想的人生，就像是插上了翅膀，总是那么意气风发，斗志昂扬。如果把一个目标明确且志向高远的人，和一个目标不那么明确，且没有人生理想的人放在一起比较，我们就会发现，前者每天都过得非常充实，甚至走路也虎虎生风。而没有目标的人则整天浑浑噩噩，根本不知道自己应该做些什么，时间的利用率也特别低。总而言之，不管是谁，要想拥有充实的人生，就一定要为自己制定明确的目标，只有在目标的指引下，我们才能一往无前。

虽然目标对于人生的意义如此重要，但是心理学家经过调查发现，生活中至少有九成的人，都缺乏明确的目标。因而，为了督促自己始终牢记心中的远大目标，也鞭策自己时刻按照目标的指引勇往直前，我们可以把目标写下来，放在显眼的地方。如此日久天长，想要忘记目标也是不可能的，也许一步一步

的，你就距离目标越来越近了。

1952年7月4日清晨，一个已经43岁的女人在卡他林纳岛上做好了下海的准备。原来，她叫费罗伦丝·查德威克，准备横渡海峡。当时，加利福尼亚海岸被浓浓的雾气笼罩着，因为早就制订好计划，所以只能按照计划进行。因为天气条件恶劣，她浑身被刺骨的海水冻得麻木，虽然明知道护送她的船就在很近的地方，但是浓雾却遮挡住她的视线，她甚至只能看到十几米远。时间一分一秒地过去了，在漫长的等待中，人们盯着电视屏幕，亲眼看到护送人员开枪吓跑了鲨鱼。直到十五个小时之后，已经麻木的她决定放弃。她很清楚自己无法继续游下去了，这时，在护送船上的母亲和教练都劝说她坚持下去，因为此时此刻她距离海岸已经很近了。她竭尽目力地朝海岸望去，却发现除了浓雾，连海岸线都看不到。她感到无望，最终决定放弃。

上船之后，瑟瑟发抖的她还没来得及喝完一杯热茶，就看到了不远处的海岸线。原来，她上船的地点距离海岸还不足一英里呢！

在这个事例中，查德威克小姐如果不是因为被浓雾遮蔽视线，也许很快就能到达海岸。在她的一生之中，这是唯一一次半途而废的经历，最主要的原因就是无法看到目标，并且准确衡量自身的情况。由此可见，我们不但要制定目标，而且要让自己的目标切实可行，符合实际的情况。因而，我们在制定目标时，千万不要好高骛远。目标并非越远大越好，只有让目标在我们竭尽所能就能实现的范围内，才会起到激励和鞭策作用。而且，任何远大的目标假如不能实现，就会变得毫无意义。尤其是当人们觉得目标根本不可能实现时，反而会彻底放弃，这种情况下的目标远不如切实可行的目标更具有力量。

摆好位置，走好人生之路

不管在哪里，一块金子总是会发光的。但是假如把一块石头摆在高高在上的地方，它却依然只是一块顽石，不可能变成金子。同样的道理，人也应该把自己摆在正确的位置上。一个人只有在正确的位置上，才能恰到好处地发挥自己的最大能力，也最大限度地挖掘自己的潜能，使自己的优点发扬光大，也为整个社会做出应有的贡献。与此相反，假如一个人始终无法正确地认清自己，不能把自己摆在合适的位置上，最终会因此错过人生中的很多机遇。

如果一个人习惯了仰视，他就会感觉到自己的卑微；假如一个人习惯了居高临下，就会觉得其他人都很卑微。同样的道理，假如一个人始终坐在前排，那么他看到的永远都是未来；假如一个人一直在后面，看到的也许就是他人的后脑勺。人的视野，总是受到眼光的局限。如果不能摆正自己的位置，我们的视野必然也会受到局限，导致人生的格局受到影响。需要注意的是，对于心胸开阔的人，只要极目远眺，就能让自己的视野变得开阔。从这个意义上来说，位置也并不能局限一颗积极向上的心。

每个人在生活中都有很多角色需要分饰，每个人在自己的位置上也有相应的责任需要承担。例如，一个演员首要的职责就是演好角色，给人们的生活带来娱乐和思考；一个教师首要任务就是教书育人，传授知识和做人的道理给学生；一个警察首要的职责就是为社会惩善扬恶，这样才能肃清社会风气，给人们提供良好安定的生活环境……总而言之，每个人都有自己的社会角色，也有自己的人生位置。只有端正心态，摆正态度，我们才能走好属于自己的人生之路。

战国时期，鲁国有个人特别擅长编织草鞋，他的妻子也心灵手巧，尤其擅长编织白绢。但是因为鲁国人口少，而且有很多人都擅长做草鞋和白绢的生意，所以这对夫妻的生意并不好，只能维持最基本的生活需求。对此，这对夫妻很不满意，丈夫心想：我编织草鞋的手艺这么好，假如去其他国家，肯定能够生意火爆，生活水平也大大改善。因而，他对妻子说："我们与其这样在鲁国勉强维生，不如趁着现在还能凑足路费，去越国吧！"妻子听完丈夫的分析，觉得很有道理，因而当即和丈夫开始收拾行装，准备出发去越国。这时，恰巧他们的一个朋友来做客，看到他们行色匆匆的样子，问道："你们要去哪里？”

夫妻俩无奈地说：“去越国。”

友人不理解，问：“去越国做什么？为什么要去越国？越国比鲁国更加贫穷啊！”

丈夫有些不服气地说：“难道凭着我们的手艺，去越国还会忍饥挨饿吗？”

朋友沉思片刻，说：“你擅长编织草鞋，你的夫人擅长编织白绢。但是，越国人习惯了赤着脚行走，从不穿鞋，他们也喜欢披头散发，从来没有人戴用白绢做成的帽子。如此一来，你们的特长到了越国将会变得一文不值，你觉得你们能生活得好吗？”

丈夫听了朋友的建议，思忖良久，觉得很有道理。最终，他放弃去越国的计划，听从朋友的建议，带着妻子去了齐国。到了地广人多的齐国，因为百姓生活富庶，果然他们的草鞋和帽子都销量很大，他们也终于如愿以偿地过上了富裕的生活。

人要想取得良好的发展，就要分析自己的特长，找准自己的位置。就像事例中的鲁国人，假如盲目地去了越国，只怕连回家的盘缠都挣不到呢！幸好在朋友的建议下，他们去了齐国，从而才能让草鞋和白绢有好的销路，他们也才能改善生活。有很多人都像事例中的鲁国人虽然知道自己的长处，但是却没有找准自己的位置，导致能力的发挥受到限制，也使得生活无法如愿以偿。这就像是那些名贵的树种到了沙漠里就干枯而死，但是胡杨却在沙漠里长势喜人一样，每个人都必须找到最适合自己的环境，才能飞速成长和成熟起来。

常言道，橘生淮南则为橘，生于淮北则为枳，这句话同样是在告诉我们，对于同一个人，不同的位置决定了其人生不同的收获。朋友们，假如你们觉得自己现在生活的环境并不利于自身的成长，那么也赶快行动起来吧！一旦找准自身的最佳位置，你就会发现很多事情都能达到事半功倍的效果。

理想贵在坚持，坚持才能成功

很多人都有理想，这些理想或者远大，或者高远，总而言之，都是人生的指引。然而，到了人生的终点再回头看看，有几个人真正实现了自己的理想呢？对于有些人而言，理想永远停留在嘴边。对于有些人而言，理想永远终止在实现理想的半途中。对于极少数人而言，理想恰恰是最坚定不移的梦想，是必须竭尽所能，全力以赴才能达到。为此，他们从未放弃对理想的追求，而是不遗余力，排除千难万险，始终朝着理想奋进。

对于理想，曾国藩曾经于无意之间说出了实现理想的关键所在，即“天下大事当于大处着眼，小处着手”。这句话告诉我们，任何大事情都必须脚踏实地，从小处着手，才能取得进步。很多有理想有梦想的人总是自以为是，不愿意从小事做起，殊不知，古人云“一屋不扫何以扫天下”，假如连小事都做不好，又如何能够做成大事呢？我们必须知道，一切的成功都是由点点滴滴的努力积累而成的，和“台上一分钟，台下十年功”的道理是一样的。

提起大名鼎鼎的好莱坞硬汉史泰龙，几乎无人不知无人不晓，还有很多人是他的忠实粉丝呢！众所周知，史泰龙是个顶级电影巨星，不过在成名之前，史泰龙经历了很多坎坷和挫折，甚至遭受了常人难以想象的拒绝，这一点是很多人都不知道的。

从小，史泰龙的成长环境就很差。他的父亲是个酒鬼，只会喝酒打人，为此，长期遭受殴打的母亲也开始用酒精麻痹自己，喝醉了就会狠狠地揍史泰龙，把他揍得鼻青脸肿。因为家境贫困，史泰龙读完高中之后就辍学了。他开始混迹街头，直到二十岁那年，突然间立志要成为一名演员。在他心里，自己既没有高学历，也没有足够的金钱作为创业资本，只有当演员不需要太多的投入。为此，史泰龙来到好莱坞，为了让自己成为一名演员，而不懈地努力着。在被一次次拒绝之后，史泰龙几乎身无分文，不得不在好莱坞打零工。思来想去，他开始创作剧本，因为他以为拿着剧本去寻求当演员的机会，会更便利。

虽然有些导演看中了史泰龙的剧本，但是却不愿意接受史泰龙当主演。最终，史泰龙在经过一千多次的被拒绝之后，得到了一个导演的小小认可。就这样，史泰龙成为自己创作的剧本的主演，并且从此一炮走红。他，成功了！

经历了一千多次的被拒绝，对于常人而言简直不可想象，而且这一千多次的被拒绝都是集中在两三年的时间里的。如果没有超强的毅力，如果缺乏理智的思考，史泰龙一定会因此而崩溃，再也无法继续坚持下去。幸运的是他做到了，不但成为主演，而且他还一举获得成功，从此彻底改变了自己的命运。

今年的双十一刚刚过去，阿里巴巴在双十一当天，营业额高达1207亿元。这是一个什么概念？从一名普通的师范毕业生到创造中国网络销售的传奇，马云又经历了怎样漫长而又坎坷的过程呢？常言道，宝剑锋从磨砺出，梅花香自苦寒来。任何人要想获得成功，就必须坚持不懈地努力，胜不骄，败不馁。

开始行动，梦想就会离你很近

一个梦想即使很伟大，假如没有切实可行的计划，也会导致梦想变成空中楼阁水中月，永无变为现实的可能。由此可见，梦想要想变成现实，首先应该有计划，而且是要符合实际的、能够展开行动的计划。在生活中，常常有人说起自己的梦想不胜感慨唏嘘，觉得梦想离自己非常遥远。殊不知，梦想并不遥远，梦想与现实之间只差着行动的距离。一旦展开切实的行动，梦想就会变得触手可及，也会让我们的人生多一些可能性。

有的人梦想住大房子开豪车，有的人梦想拥有一份很好的工作，还有的人梦想着功成名就。然而，他们之中的大多数都在白日做梦，都觉得梦想只是想想而已的黄粱美梦，丝毫没有把梦想当回事。在这种情况下，梦想无形中被搁置，导致距离我们的现实生活无比遥远。在这种情况下，急于建立梦想并非最重要的事情，当务之急是确定梦想的可行性和计划性，从而为梦想的实践铺垫道路。

很久以前，有两个年轻人乘坐同一艘游轮闯荡天下。在来到异国他乡的码头之后，他们看到那么多漂亮奢华的游艇停泊在港口，不由得羡慕不已。其中，那个来自南非的年轻人对来自美国的年轻人说："这些游艇真漂亮啊，要是我也能拥有这样一艘游艇，那该多么好啊！"美国的年轻人也垂涎三尺地点点头，说："的确的确，这些游艇太豪华太诱人了，我也梦想着拥有这样的一艘游艇啊！"后来，他们一起上岸吃午餐，发现有家快餐店的生意特别好。因此，南非的年轻人对美国的年轻人说："看来，开快餐店很挣钱呢！"美国的年轻人想了想说："的确，快餐生意很火爆。不过，我看相邻的咖啡馆生意也不错，咱们应该好好想一想到底做什么。"经过短暂的相处之后，旅程结束，两个年轻人就此分道扬镳，奔向各自的人生。

和美国朋友分开之后，南非的年轻人回到祖国之后马上开始选址开快餐店。十年之后，他已经成为一家快餐连锁企业的老板，不但功成名就，而且真的拥有了属于自己的豪华游艇。他的那个美国朋友呢？因为一直以来都在琢磨着最佳的人生方案，所以迄今为止不但一事无成，而且身无分文，生活窘迫。

从南非年轻人和美国年轻人的不同命运上，我们可以得出一个最粗浅的道理，即只有梦想是不够的，不管梦想是远大还是卑微，都必须落实到实处，开展实际的行动，才能真正实现梦想。否则，离开了实际行动，梦想就会变成空想，绝无实现的可能。

朋友们，我们做任何事情都应该目标明确，即使对于梦想，也千万不能使其停留在空想阶段，成为镜中花水中月。在很多情况下，人们在讨论梦想的时候激情澎湃，一旦过了当时的激动，就会失去冲动。及时的行动恰恰能很好地避免这个问题，因为行动就像是梦想的助燃剂，能够让梦想变得更加激情燃烧，也更加切实可行。很多事情当我们切实去做，会发现和想象中的完全不一样，也许没有想象中的容易，但也许并没有想象中的那么难。人们常说走一步看一步，虽然有些消极悲观，但是生活的实情恰恰如此。一个人即使谋虑再深，也不可能完全谋算出来所有的事情，因而很多事情只有切实展开，我们才能根据事情发展的情况不断地调整自身的方案和计划，从而实现最完美的人生。

远期目标为你的人生导航

人生，既需要短期目标，给人们更多的激励，也需要长期目标，给人生以指引。就像跑马拉松一样，如果忘记了终点，跑错了路线，无疑多么辛苦努力都是白费。但是如果只记得终点，却没有给自己制定短期目标，则会因为终点过于遥远，导致自身根本无法在漫长的路程中坚持下去。由此可见，长期目标和短期目标在人生的漫长旅途中都是必不可少的，唯有更好地把长期目标和短期目标结合起来，人生才能劳逸结合，按照合理的节奏和进度不断向前。

曾经有心理学家对于成功者和失败者进行过跟踪调查，发现那些成功者大多数都是时间观念很强的人。他们不管做什么事情都有时间计划，不但有人生的长期计划，例如二十年、三十年的计划，也有人生的中期计划，例如五年、十年的计划，更有人生的短期计划，例如一个月或者每天、每个星期。如此一来，他们的人生被计划得非常精密，总是有条不紊地进行着，按部就班地实现自己的人生理想。相比之下，那些失败者对于时间的安排则很随意，他们更看重眼前的快乐，而很少有大局观念。如果说成功者把整个人生当成了一盘棋，那么失败者就是把每一天当成了一盘散乱的棋，每天下得乱七八糟，人生又怎么可能秩序井然呢！

曾经，有个贫穷的小男孩只有十几岁，但是他的人生目标却是当美国总统。在树立这个远大目标的时候，他还在贫民窟里生活，不仅身体羸弱，而且个头也很矮小。当家人听到他的梦想，包括父母在内都觉得他是在异想天开。然而他却很认真地思考着实现梦想的途径：要想成为美国总统，首先要当美国州长——要想成功竞选州长，必须得到强有力的经济支持——要想得到经济财团的支持，就必须真正融入财团，成为财团内部的一分子——要想融入财团，就必须赢取一位真正的财团千金——要想拥有豪门千金作为妻子，必须首先让自己变得有名气——要想获得名气，最佳的捷径就是成为电影明星——要想成为电影明星，必须先让自己拥有健壮的体魄，充满男子汉气概。初步制订人生计划之后，这个小男孩最终决定通过练习健美强身健体，因而他开始为此而努力。果不其然，三年之后，他以满身健壮的肌肉和接近于完美的强壮体魄，成为大名鼎鼎的健美先生。此后，他又根据人生长期规划的指引，进入好莱坞成为一名影星。此时，全世界的人们都对他的大名熟悉于耳，他也终于如愿以偿地迎娶了肯尼迪总统的侄女，有了一位颇具实力的妻子。

在十几年的婚姻生活中，他拥有了四个孩子，经营着幸福的家庭。直到2003年，已经57岁的他才告别影坛，并且成功地再次按照人生长期目标的指引，竞选为美国州长。他就是人尽皆知的好莱坞硬汉施瓦辛格，他的传奇人生经历告诉我们，人生的一切成就，都与长期目标密不可分。

当你也梦想获得成功时，你首先要做的不是急于奔跑，因为一旦犯了南辕北辙的错误，你的努力只会起到反作用。聪明人会先问问自己，你到底希望得到怎样的人生？你最在乎的究竟是生命中的什么？只有弄清楚我们内心深处最真实的需求，我们才能找准人生目标，并且为之不懈努力。

任何成功的人生都需要一个漫长的计划，只有在人生远期目标的指引下，我们才能有目的地展开行动，获得事半功倍的效果。记住，没有计划、方向错误的行动，不如不行动。而人生是如此宝贵，每一分每一秒都值得我们万分珍惜。失败是不需要计划的，为了尽量避免失败，我们要做好人生的远期规划和长期规划，才能既有方向又有动力，从而督促和鞭策自己在人生之路上勇往直前。

与其迎难而上，不如绕难前行

人人都知道，两点之间的最短距离是直线。的确，人们把这条定律运用于生活的各个方面，最大限度地降低了修路造桥的成本，也极大地节省了人力和时间。然而，问题也接踵而至，很多情况下当我们选择最短的直线时，才发现直线虽然距离最短，但是遇到的障碍和困难也是最大的，在这种情况下，我们又该如何机智应变呢？

在现代社会，不管是人还是事，都处于剧烈变化之中，可以说用“日新月异”来形容这个社会已经不能恰到好处了，因为甚至每时每刻都处于变化之中。在这种情况下，事态的发展也往往超出我们的预料，使我们应接不暇。和以往提倡的迎难而上不同，我们必须综合现实情况，分析和权衡利弊，从而实现最佳考量：到底是迎难而上合理，还是绕难前行划算呢？假如迎难而上是现实的需要，那么我们别无选择，就像抗日战争年代无数的革命先烈以血肉之躯顶着炮火和子弹冲锋陷阵一样。但是如果绕难而行更合理且有效，我们为何不避免无谓的牺牲呢？牺牲精神固然值得赞许，但是无谓的牺牲已经不符合现代社会效率至上的作业原则。所以，明智的人不会一味地牺牲，而是选择最佳解决方案，最大限度保存实力，同时实现目标，效率倍增。

很久以前，有个渔夫非常勤劳，除非天气情况恶劣实在不能出海，否则他每天都要出海打渔。不过，这个渔夫也有个缺点，那就是他虽然打渔技术高超，但是做事情却一根筋，从来不懂得变通。

这一年夏天，渔夫打听到八爪鱼的价格最高，因而出海的时候一门心思地只想抓到八爪鱼。虽然他的每一网都捕到了很多螃蟹，但是都被他放归海里，因为他只想捕八爪鱼。后来，他拎着少得可怜的八爪鱼去市场上叫卖，却发现螃蟹的价格远远超过了八爪鱼，原来市场行情在他出海打渔的时候已经变了。为此，他再次出海的时候只盯着螃蟹，不想却因为过了螃蟹的汛期，最终抓到了很多水母。可是他并不想捕水母啊，因此他又把水母放归海里。当他两手空空地回到岸边时，却发现有人专门守候在岸边收购水母，此时此刻，他的肠子都要悔青了。眼看着和他一起出海打渔的人都把水母卖了个好价钱，他这才追悔莫及，暗暗下决心下次出海不管碰到什么，都要一网打尽。然而，第二天天公不作美，狂风大作，暴雨如注，他根本不可能出海了。由于持续几天天气情况都很恶劣，他的生活也越来越窘迫。

在这个事例中，渔夫显然是个死脑筋，不懂得变通。现实社会中很多事情的发展都会出人预料，我们必须把脑筋放得更加灵活一些，才能在需要的时候及时变通，顺势而为。千万不要像渔夫一样死脑筋，否则我们就会因为墨守成规而错失良机。很多机会都是转瞬即逝的，我们除了要做好准备迎接机会的到来外，还要心明眼亮，让自己随时随地都能抓住机会，改变人生的命运。

所谓条条大路通罗马，实际上，人生之中的很多事情都是可以变通的，未必只有一个办法可以解决和实现。我们只要打开思维，转变陈旧的观念，做到与时俱进，就能紧跟时代的浪潮。所谓磨刀不误砍柴工，在很多情况下，与其临渊羡鱼，不如退而织网。只要我们能够及时调整思路，改变态度和方法，相信在人生的困境面前总能够柳暗花明又一村。而不撞南墙不回头的人是吃不开的，除了让自己吃哑巴亏之外没有任何好处。朋友们，赶快给自己的脑子上点儿润滑剂吧，相信它们一定会飞速运转起来！

第13章 生命的目的地并不重要，最精彩的在于行程的美妙

人生是一场没有归途的旅程，最重要的在于过程，而不在于目的地。假如我们急急匆匆地奔向终点，而忽略了沿途的风景，那么一定会觉得人生仓促而没有意义。对于任何人而言，最重要的就是欣赏沿途的风景，才不会因碌碌无为虚度一生而遗憾。

充实的人生从不错过精彩的过程

如果一个人因为行色匆匆地奔向终点，最终忽略了沿途的风景，那么即使他最终实现了梦想，也必然感到人生的空洞和虚无。的确，梦想是人生的引航灯，但是梦想却并非人生唯一的目的。对于人生，我们只有重视过程，才能收获满满。否则，即使实现远大理想，也无法充实人生。其实，很多成功人士在追求成功的路上，并非一味地盯着成功的彼岸，而是努力地走好人生的每一步，过好现在的每一天，从而才能在机会到来时候紧紧抓住。通往梦想的路上，不但有付出的百般艰辛和诸多努力，也会有很多美妙的风景和值得我们牢记一生的时刻。

和获得成功的结果相比，享受成功的过程更为重要。否则，即使实现了梦想，也会感到空虚。生活中，有很多人为了伟大的理想而放弃爱情，忽视家庭，甚至根本没有时间陪伴家人，最终蓦然回首才发现错过了人生中最美丽的风景，和最值得珍惜的人。不得不说，这是一种莫大的遗憾。泰戈尔说，虽然天空中没有留下翅膀的痕迹，但是我已飞过。这就是对于人生的诸多体验，给我们的丰实和充盈。如果说理想是绚烂的花朵，那么人生旅途中的风景就是陪衬的绿叶，只有在绿叶的呵护和陪伴下，花朵才能更加引人夺目。如果说理想是新生的太阳，那么过程就是天边的朝阳，衬托得太阳更加光辉四射。总而言

之，充实的人生绝对不能错过精彩的过程，唯有从现在开始更加努力地享受过程，我们才不枉此生。

作为英国大名鼎鼎的科学家，焦耳从小就表现出对物理学的浓厚兴趣。他经常做一些和电、热相关的物理学实验，并且从中受益匪浅。有一年，焦耳很想知道电流的特性，因而让哥哥牵着一匹瘸腿的马，自己则躲在后面用电流打击马。结果马通电之后突然狂跳不止，险些把哥哥踢伤。不过，这次危险的事情并没有打消焦耳对于实验的积极和热情，为了验证回声的大小，他又和哥哥一起来到了群山环绕的湖面上。他们用火药塞满枪膛，然后对着群山扣动扳机。不想，火苗肆虐而出，不但差点儿把哥哥吓得掉进湖水里，还把焦耳的眉毛都烧焦了。

这时，天气突然变化，乌云压顶，眼看着暴风雨就要来了。和哥哥一起划船朝着岸边驶去的焦耳，无意间发现闪电总是比雷声早好几秒种，不由得感到非常惊奇。焦耳根本顾不上躲雨，一到岸边就拉着哥哥去到一个山头上，并且拿出怀表严格记录闪电和雷声之间的时间差。后来，焦耳把自己的发现告诉物理老师，并且向老师请教。老师为焦耳揭示了真相："光的速度比声音的速度快，所以人们总是先看到闪电，再听到雷声。实际上，闪电和雷声是一起发生的。"老师的解答让焦耳恍然大悟，从此之后，他对物理学更感兴趣了。最终，焦耳通过不懈钻研，最终发现了热功当量和能量守恒定律，成为了举世闻名的科学家。

如果没有过程的艰难，就无法让人们深刻意识到成功的来之不易。人生中如果总是甜，又如何知道甜的滋味呢！就像焦耳，他从小就为了科学实验吃尽了苦头，却从来没有放弃对科学的热爱，最终才能努力成为一名科学家，为自己的人生之路奠定坚实的基础。虽然我们都是普通人，但是也同时需要圆满和充实的人生。在任何情况下，都不要因为人生过程的艰难曲折而抱怨，我们唯有怀着坚定不移的勇气勇往直前，才能最终获得充实丰满的人生，抵达成功的目的地。

快生活，慢生活，要学会调节生活

毋庸置疑，人生的理想是很重要的，然而享受人生的过程也同样重要。假如我们为了人生的目的地而马不停蹄地奔波，最终却因此忘记了初衷。举个例子，假如你的人生目标是为家人购买一套大别墅，那么你为了这个目标而不懈努力，最终却因为努力赚钱而忽视陪伴家人，导致妻子儿女都怨声载道。最终，即使住上了大别墅，就一定幸福吗？也很有可能非但没有住上别墅，反而错失了与家人团聚的快乐，那就更加得不偿失了。

在实现理想的过程中，假如我们也能够偶尔停下脚步，看看路边的风景，把所谓的快节奏的生活与适当的慢节奏的生活结合起来，做到有忙碌的时刻，也有休闲的时刻，最终才能把生活节奏调整得更好，也才能更从容不迫地享受生活。最近几年，时不时地传来年轻人过劳死的消息，他们因为不能调节好工作和生活的节奏，最终迷失了本心，导致因为过度劳累而死。不得不说，这样的死太没有意义了。尤其是很多年轻人在身体已经敲响警钟的情况下，依然无所顾忌，殊不知工作是永远做不完的。即使你在单位是个很大的领导，但是对于单位而言，你也只是一个劳动者，是随时随地都能找到人替代的。相比之下，如果一个家庭失去了顶梁柱，就会瞬间坍塌，导致一切都失去希望。因而，我们理应为了挚爱的家人珍惜健康，珍爱身体，这样才是对家庭真正负责任的表现。

自从大学毕业开始工作以来，牛勋几乎每时每刻都在马不停蹄地奔波和努力。除了结婚和老婆生孩子他休了长假之外，平时连正常的休息日都无法保障。牛勋是一家网络公司的编程师，对他而言加班加点是常态，他经常为了赶编程序甚至连续几天不能正常休息。这段时间，牛勋又在加班，已经好几天吃住都在办公室了，为此妻子怨声载道，牛勋却说："你以为我不想休息吗？我这么辛苦都是为了你和儿子啊！"妻子听到牛勋的话一语不发。

在连续加班三天回家之后，牛勋回到家里并没有看到妻子和儿子的身影，却在写字台上看到了一份离婚协议书。这时，牛勋才知道妻子一气之下回娘家了，而且动起了离婚的念头。其实牛勋也很委屈，因为他真的一直认为自己是为了妻儿的好生活才这么拼命的。在劝说妻子回家的过程中，妻子一本正经地说："此时此刻，你能集中注意力听我说完话吗？"牛勋点点头，妻子才开始娓娓道来："平时，你回到家里不是倒头就睡，就是盯着电脑，你想想，我们有多久没有好好沟通过了？你口口声声说是为了我和儿子才这么拼命，那我告诉你，我和儿子不需要荣华富贵，我只想要个能正常作息的丈夫，儿子只希望爸爸能多多陪伴他一下。现在，你这么接连几天不见人影，我简直觉得自己是个寡妇，儿子也是没有父亲的！如果你不能改变工作方式，咱们只能离婚，因为你早晚也会累死，我不想当寡妇，我宁愿当个离婚的女人！"妻子一边说一边落泪，牛勋知道妻子还是心疼他的，因而保证："我保证以后尽量不加班，即使加班也不超过晚上十点。我会改变的，假如公司一定要求加班，我就换工作。总而言之，我不能失去你和儿子啊！不然，我这么拼命还有什么意义呢！"妻子冷冷地说："你也知道失去我和儿子，你拼命没有意义，那你怎么就不能理解我和儿子如果失去你，家就散了，有再大的房子再多的钱，又有什么用呢！"妻子的话让牛勋陷入沉思之中，他意识到问题的严重性，因而决定改变自己，不再当个拼命三郎。

在这个事例中，牛勋显然本末倒置了。工作是生活的手段，人活着却并非为了工作；工作是为了改善生活，而不是让生活变得难以忍受。因而，我们一定要摆正工作和生活的关系，也要弄清楚理想和现实之间的关系。假如我们总是本末倒置，那么终有一天会忘却初心，也发现自己的人生已经南辕北辙了。

在生活中，一味地懒散是一种堕落，但是假如始终以百米冲刺地速度向前向前，也同样让人感到难以忍受。我们唯有更加理智地对待生活，不要过于局促，也不要过分懒散，才能调节好生活的节奏，给予生活更多的喘息空间和奋斗的动力。否则，等到油尽灯枯之后，一切就都晚了。从现在开始，没看过太阳的朋友赶紧去看看太阳吧，享受阳光的抚摸，没有看过鲜花和小草的朋友也四处走走看看吧，周末的公园和郊野在等待你的到来！

不要妄自菲薄，总觉得别人比自己好

在生活中，既有妄自尊大之人，也有妄自菲薄之人。妄自尊大当然不好，不管什么时候都觉得自己比别人高强很多，因而走路时总是鼻孔朝天，目中无人，而妄自菲薄呢，却恰恰相反。妄自菲薄之人不管什么时候都仰视他人，总是觉得自己处处不如别人，也就觉得别人处处都比自己强。就像那些崇洋媚外的人一样，认为西方国家的月亮都比中国的更大更圆，殊不知，这只是自欺欺人罢了。

就像是未雨绸缪一旦过分，就涉嫌杞人忧天一样，有些人自诩为谦虚，殊不知谦虚过度就是妄自菲薄。尤其是在现代社会，很多时候都需要我们毛遂自荐，表现出自己最具实力的一面。毕竟如今酒香不怕巷子深的年代已经过去了，现代社会的人们更讲究表现实力，展示自我。这样才能为自己赢取更多的机会，也才能让自己变得更加优秀。如果一个人的眼睛里时时刻刻看到的都是别人的优点，自己的缺点，那么他一定会非常自卑，渐渐地还会心理阴暗，最后失去人生的乐趣和该有的自信，导致猥琐怯懦。

在通常情况下，心胸狭隘的人不但容不下他人，也容不下自己。他们常常因为一些莫名其妙的小事就嫉妒他人，偏偏他们眼中的他人又是那么完美无瑕，最终导致陷入恶性循环之中，甚至人际关系也受到影响。如此一来，人生也会充满阴霾。曾经有人说，嫉妒就像是毒蛇，会蒙蔽人们的心智和眼睛，使人丧失理智，利令智昏。

很久以前，有个人和他的邻居是死对头，因为他非常嫉妒他的邻居。不管是他的邻居生了个儿子，还是他的邻居地里的收成好，他都愤愤不平。有一天，这个人在路上行走的时候，遇到了上帝。他请求上帝："仁慈的上帝啊，您能不能满足我一个愿望呢，只要一个就好。"上帝平日里总是看到这个人因为嫉妒欺负邻居，因此决定和他开个玩笑，说："当然可以啊。不过我有个要求，就是不管你提出什么愿望，我都能满足，但是你的邻居一定会得到双倍的。”这个人仔细想想，不由得心理不平衡起来，他暗暗想道：“我的邻居将会得到双倍？这也太不公平了。假如我得到一块土地，他就会得到两块；假如我得到一箱镜子，他居然能够毫不费力地得到两箱，这岂不是太赚便宜了呢！如果我请求上帝赐给我一个美丽的女人，他岂不是也能得到两个吗？我到底该提出怎样的要求，他才会比我吃亏呢？”思来想去，这个人突然开口说道：“上帝，请您挖去我的一个眼珠吧！”他的话彻底把上帝惊呆了，上帝无论如何也想不通，嫉妒居然如此邪恶，能够让一个人宁可自己失去一只眼睛，也不愿意被邻居占到一丝一毫的便宜。如此损人不利己的事情，在嫉妒的驱使下，居然真的有人去做啊！

在这个事例中，那个嫉妒心强的人为了使邻居占不到半点便宜，而且比他更惨，居然说出了如此出人意料的请求。面对他的请求，只怕连见多识广、深谙人性的上帝也会觉得万分震惊吧！这就是嫉妒的邪恶力量，它会使人心混乱，甚至做出让人无法面对的事情来。

从这个事例我们不难看出，要想拥有健全的心智和从容的人生，我们就必须远离嫉妒的毒瘤，否则就会让自己心智混乱，导致无法面对人生的诸多考验。当然，克服嫉妒也是有方法和捷径的，只要掌握方法，而且发自内心地想要战胜自己人性的弱点，就能事半功倍。例如，我们可以更多地关注自身，千万不要盲目羡慕他人；我们可以发展自己的兴趣爱好，让自己的生活变得充实而有意义，这样自然就不会再一味地盯着他人的优点。此外，我们还可以经常旅游，开阔眼界，这样心胸也会变得开阔起来。

做自己感兴趣的事，就是最大的幸福

现代社会，很多大学生毕业之后根本没有机会从事自己的专业，更别说是从事自己感兴趣的工作了。迫于生存的压力，很多应届大学毕业生都会迫不及待地找工作，也有些大学生抱着骑驴找马的心态，先找份工作干着，再寻找其他合适的工作。其实，在大学毕业的最初几年里是最宝贵的光阴，这个阶段的人还没有结婚生子，因而没有家庭的负累。在工作上，也是最有创造性和积累经验的阶段。如果白白浪费这几年的时间，就会让自己的工作经验得不到积累。相反，那些慎重对待找工作且找到理想工作的大学生，如此几年下来，往往已经为自己争取到了很大的发展，也给自己在行业内或者公司里奠定了一定的基础。

所谓兴趣，顾名思义，是人们感兴趣的事情。从心理学的角度来说，人们在从事自己感兴趣的事情时，才能具有强烈的心理倾向，从而也帮助人们达到事半功倍的效果。兴趣与情绪也是相关联的，对于自己感兴趣的事情或者工作，在做的过程中人们难免产生亢奋的心理，即便遇到困难也能不遗余力地战胜困难，或者还能在做的过程中体验到巨大的幸福感，从而使进展更加顺利。尤其是在职场上，兴趣更是影响人们进行职业定向和职业选择的重要因素，对于自己感兴趣的事情，人们才能更好地发挥潜能，把事情做到最好。因而有人曾说，兴趣是人类的第一位教师。

曾经，有位历经一生辛苦，终于把自己的事业发展壮大的成功人士，一心一意想要儿子学习金融，继承他的产业。为此，在儿子高考落榜之际，他四处托人找关系，把儿子送到国外最好的学校学习金融。然而，他的儿子并不喜欢金融，反而对烹饪特别感兴趣。曾经有段时间，儿子经常和他说自己喜欢烹饪，他都不以为然。

等到儿子学成归来之后，这位富人马上把公司交给儿子打理，儿子果然没有辜负富人的期望，把公司打理得井井有条。但是，富人总觉得儿子的脸上少了些什么。有段时间，富人突然生病了。儿子每天都奔波于医院和公司之间，有一天下午，儿子兴冲冲地来到医院看望父亲，还带来了自己亲手烹饪的美食。富人吃着儿子带来的美食，突然发现儿子脸上多了一个东西，那就是发自内心的微笑。父亲很清楚，儿子打理公司并不快乐，他其实最想做的还是与美食打交道。看着儿子快乐的样子，富人暗暗下定决定，等到病好之后重新接管公司，让儿子继续去做他喜欢的事情。

每个人都有着不同的兴趣爱好，也许别人不喜欢做的事情，恰恰是我们愿意付出所有心力努力去做的。事例中的富人从儿子脸上久违的微笑中读出，虽然儿子勉为其难地接受了公司的一切事物，但是他并非心甘情愿。对于人生而言，最重要的是什么呢？当然是幸福快乐。做父亲的终究不忍心剥夺儿子的快乐，因而改变思路，决定放手让儿子去做他自己喜欢的事情。

任何人对于自己不喜欢的事情，是不会努力去做的。兴趣不但是人类的第一个老师，也是人们为人处世的第一动力源泉。因而，每个人都应该努力找到自己认为值得做的事情，愿意心甘情愿、付出一切努力去做的事情，这样才能让自己的人生更多一些成功的可能。例如，爱迪生一生都在与实验打交道，却从不以为苦，反而常常感受到巨大的快乐。为什么在常人眼中枯燥乏味的工作对于爱迪生而言却如此快乐呢，这就是兴趣使然。即使经历无数次失败，在兴趣的驱使下，爱迪生依然能够坚持不懈地继续尝试，直到成功。仅就这份毅力，就与兴趣有着密切相关的联系。

赤子之心，是幸福的源泉

面对生活和工作的重重压力，很多人都觉得非常疲惫，不但身体感觉劳累，精神上也渐渐地倦怠了。甚至还有些对生活失去了兴趣，对于任何事情都怀着倦怠的态度，提不起兴致来。不得不说，这样的人生态度和状态，是非常危险的。很多人老当益壮，并非仅指他们的身体非常强壮，而是他们的心永葆年轻。从某种意义上来说，心理年龄才是我们真正的年龄，当我们的心老了，我们也就真的老了。所以，有些人尽管看起来非常年轻，但是却很苍老，不管对什么事情都很懈怠，相比之下，有些人虽然年纪老了，但是因为心理年轻，因而始终都能怀着积极乐观的态度面对生活，拥抱生活，尽情享受生活。

生活赐予我们的绝不仅仅只有快乐和满意，在大多数情况下，我们无法对人生感到满足，因为生活中实在有太多的遗憾和空缺。然而，结果并非最重要的，最重要的是我们实现奋斗的过程。岁月匆匆，时光荏苒，每个人都在匆匆而过的生命中寻找人生的意义，真正能找到的却没有几个。对于人生而言，最幸福的到底是什么呢？那就是保持一颗赤子之心，时刻都能尽情地享受人生，激情地拥抱人生。

1949年10月1日，毛泽东主席在天安门城楼上向全世界宣布，新中国成立了。此时此刻，远在美国的钱学森夫妇得知消息，为了祖国的新生欢欣鼓舞，迫不及待地想要回到祖国的怀抱，为祖国的发展贡献自己的力量。然而，当时美国的加利福尼亚理工学院正在跟随美国的形势，阻止中国的科研人员回国。为此，钱学森回国的道路充满了重重阻碍。钱学森回归之心迫切，恨不得马上就能回到祖国的怀抱，但是美国海军次长金布尔显然知道钱学森的巨大能量，因而坚决制止钱学森回国，他甚至说宁可枪毙钱学森，也不愿意放钱学森回国。为此，他在钱学森前脚离开他的办公室之后，就马上通知了移民局，让移民局不惜一切代价阻止钱学森离开。钱学森此时此刻毫不知情，已经做好了一切准备。然而，在他计划离开洛杉矶的前两天，移民局突然通知他们全家都不得离开美国。与此同时，他的全部行李也被海关扣押了。无奈之下，钱学森只得回到加利福尼亚理工学院，从此他们全家的人身自由都受到限制。后来，他还被联邦调查局非法居留，遭到虐待。此时，钱学森在加利福尼亚理工学院的师生们都在积极地为他奔走呼号，还有些美国友好人士也非常关注他的动态。后来，钱学森虽然被保释，却依然被软禁了五年时间。

在这五年时间里，钱学森改变在火箭上的研究方向，改而研究“工程控制论”，从而打消美国当局对他的忌惮。后来在周总理的积极援救下，又经过数次斗争和努力，钱学森才如愿以偿地回到祖国。在此期间，他从未改变热爱祖国、一定要回到祖国怀抱的赤子之心。

所谓赤子之心，指的是人的本真之心。导弹之父钱学森，在得知新中国成立后，对于回国虽然遭到诸多阻碍，但却始终不放弃。即便被软禁，失去人身自由，他也从未停止过对祖国的思念和一定要回到祖国怀抱的坚强信念。虽然我们只是普通人，但是也应该向钱学森学习。其实纵观古今中外，大凡成功人士，大凡做出特殊贡献的人，无一不是拥有赤子之心的人。

居里夫人在一生之中两次获得诺贝尔奖，也是因为她一心一意对待科学事业的原因。假如一个人做任何事情都三心二意，而且总是有始无终，那么他一定无法坚持到最后成功的时刻。由此可见，我们一定要怀着赤子之心对待生活，这样才能让我们的人生充满动力，也才能帮助我们最终实现理想，获得成功。

借口永远不能让我们摆脱失败的纠缠

人生之中，有谁未曾尝过失败的滋味呢？可以说，每个人都曾经遭遇过失败，更有人遭遇过无数次失败。诸如爱迪生发明电灯，足足尝试了一千多种材料，进行了成千上万次实验，才最终找到作为灯丝使用的最好材料，给整个世界的人们都带来了光明。假如爱迪生在一次次遭遇失败之后不是积极地寻找办法解决问题，而是不停地找借口，给自己的失败遮羞，那么他一定无法获得成功。生活中偏偏就有些人，面对失败，他们的第一反应就是找借口。殊不知，借口是失败的温床，在无数次失败的过程中，一次次地找借口只会让我们失去前进的动力，变得无比软弱怯懦。只有勇于承担责任的人，只有勇敢面对失败的人，才能在人生之中一次次踩着失败的阶梯前进。否则，就会在无数个借口之中被失败纠缠，永远无法脱身。

毋庸置疑，和承担责任相比，找借口是世界上最简单的事情。一个人如果有心想要拖延问题，存心逃避，总能找出各种各样的借口和理由。诸如，没有时间，方法不合适，找不到合适的人一起合作，甚至是早晨起晚了，都可以成为借口，花样十足。这样的人与成功是绝缘的，因为他们根本不想成功，所以才会面对失败采取如此消极的态度。找借口绝不是面对失败的好习惯，它会使我们在一次又一次的拖延之中变得非常懒散和拖沓。当借口成为一块挡箭牌，还有谁愿意承担起责任来呢？所以，即便后果很严重，也要勇敢地承担责任，而不要一味地拖延躲避。尤其是对于职场人士而言，与其把宝贵的时间用于寻找借口开脱责任，不如将其用来承担责任，努力弥补。此外，总是油嘴滑舌找借口的人也很难得到他人的尊重和认可，导致人际关系恶化，工作受到影响。

生活在这个世界上，每个人都有自己理应承担的责任。尤其是在失败之后，承担责任更应该是理所应当的事情。作为一个大写的人，作为一个傲然屹立于天地间的人，我们必须积极主动地面对失败，主动承担责任，并且积极反思自己，最终才能取得进步，实现人生的目标。

第14章　有了好心态，才能拥有好状态

著名的成功学大师，拿破仑·希尔曾经说过，积极乐观的心态能够营养人的心灵，使人拥有健康、快乐、成功和财富，消极悲观的心态却会使心灵受到污染，不仅使人失去健康、快乐、成功和财富，甚至会使人失去生命中本该拥有的一切。可见，好心态对于人生的影响是多么重要，要想拥有充实的人生，获得成功，我们首先必须拥有好心态，才能积极调整人身状态。

心态决定人生，好心态才能拥有好人生

生活中，人们总是不断地接受意外的惊喜作为馈赠，也会偶尔受到突如其来的惊吓。因为世界观、人生观、价值观的不同，也因为每个人成长的经历各不相同，所以每个人的心态都是不同的。心态积极乐观的人，即使面对人生的艰难坎坷，也总是能够鼓足勇气，勇敢面对。相比之下，那些心态消极悲观的人，则很容易在遭受挫折之后一蹶不振，甚至失望沮丧。成功学大师告诉我们，要想获得人生的成功，我们首先应该具备好心态。唯有如此，我们才能积极调整人生状态，收获充实丰盈的人生。

纵观历史，那些成功人士无一不是拥有好心态的。他们之所以能够获得成功，就是因为他们心胸开阔，充满信心，而且坚韧不拔。就像爱迪生之所以能够成为发明大王，为整个世界的人带来光明，就是因为他在实验遭受失败的情况下从不气馁，而是继续奋战在实验室里；张海迪之所以能够身残志坚，成为众人学习的楷模，就是因为她在沉重的人生打击面前从未放弃希望，而且总是乐观以对……生活中有很多这样心态绝佳的人，他们以自身的实际行动给我们带来了榜样的力量。

作为一个从小被认为是低能儿的人，克劳德·艾金斯果然没有让身边的那

些人“失望”，他的学习成绩从未得过优秀，甚至连良好也没有，总而言之简直一塌糊涂。他也不知道自己是怎么进入高中的，但是有一点显而易见，那就是他的父母都对他考上大学不抱任何希望。既然头脑简单，也许四肢会很发达呢？处于这种考虑，父母托人把他送到篮球队，想让儿子在体育上有特殊的表现。然而，他的智商简直太低了，对于一个简单的罚球动作，即使别人都已经掌握了，他却练习了无数次也没有掌握。为此，大家都调侃他是“优秀的罚球手”。

在一次非常重要的比赛中，克劳德·艾金斯所在的球队接连惨败，包括教练在内，几乎所有人都已经对赢得比赛不抱任何希望。不过，比赛还没有结束，因此有人建议教练让他上场，因为反正比赛失败已经成为定局。第一次上场的克劳德·艾金斯兴奋异常，每当有罚球时，队员们就会让他亮相。虽然他看起来很自信，但是他从未把球投进篮筐里。对方队员似乎也看出他的弱智和低能，居然把己方的罚球机会也给他。他可不在乎对方是出于怎样的心理，依然兴致勃勃地投球，屡战屡败并不影响他的兴致和信心。为此，观众们全都给予他热烈的掌声。在他的坚持中，奇迹发生在距离比赛结束还差三秒钟的时候。他又接到一个球，依然微笑着把球扔向篮筐的方向。出乎所有人的预料，球居然准准地落在了篮筐里。看着大家激动不已的样子，他才反应过来自己投中了生平第一个球，因而激动万分地脱掉上衣，绕场狂奔，高声叫喊。这个球彻底地改变了克劳德·艾金斯的人生。高中毕业之后，他虽然命运坎坷，但是始终牢记着自己在距离比赛结束三秒钟投中篮球的传奇经历，这使他坚信只要自己不放弃，就一定能够笑到最后。

后来，他参加当地电视台《非9点新闻》栏目的选秀活动，居然凭着自己幽默滑稽的表演和招牌式憨厚的微笑，让导演一眼就相中了他。就这样，由他主演的《憨豆先生》红遍了整个世界，他也因此成为与卓别林等比肩的“当代喜剧之王”。后来，他回想起自己一生之中都铭记在心的那场球赛，还非常感动。他说，正是那场比赛，让他感受到观众们的热情和关爱，也感受到自己存在的价值。

在这个事例中，克劳德·艾金斯原本是一个智力低下的孩子，不管做什么事情都无法达到正常水平，甚至还给团队里的其他成员拖后腿。与其说是最后那场比赛中观众朋友们热情的掌声和善意的笑声挽回了他的自尊和自信，不如说是他自身拥有的好心态，让他感受到人生充满了希望。

心态，能够让人们从绝境中看到希望，也能从幸福中看到沮丧。从某种意义上来说，幸福只是一种感受，在人人都追求幸福生活的今天，我们与其让幸福悄悄溜走，不如以好心态发现生活中更多的爱与美好。心态决定命运，心态不同的人所拥有的人生也必然各不相同。从现在开始，就让我们努力修炼自己，拥有好心态吧！

小小的选择，也许就会改变命运

如果把很多人放在一起比较，你会发现他们之间在智力上并没有太大的差别，在情商上也相差无几，但是他们的人生却反差巨大，获得成功者有之，不幸遭遇失败的人也很常见，更有放弃人生懵懂度日的人。为何同样是人，彼此间的命运却相差悬殊呢？究其原因，因为他们的选择不同。

众所周知，人生是由一个又一个选择构成的。可以说，人生就是在不断地进行选择。选择从小到大，有的是随机出现的，有的是必然的，有的是突如其来事关重大的……面对形形色色的选择，心态不同，人们做出的选择也各不相同。曾经有心理学家经过研究发现，很多情况下决定人生命运的并非那些至关重要的选择，而是看似不经意间的选择。由此可见，选择对于人生的影响至关重要。小小的选择，也许就会彻底改变命运，让人生颠覆。

既然人生是由无数个选择组成的，那么我们只要保证每次选择都很正确，人生也就不会失之偏颇了吧？其实，人生虽然是由诸多选择组成的，但是却很少有人能够保证自己的每一个选择都是正确的。首先，选择的时机不同，其次，选择的目的也不同，最后，选择当时的情境也完全不同。人非圣贤，没有人能够保证自己在一生之中从不犯错，尤其是在面对选择时，所谓智者千虑必有一失，一个人即使再聪明理智，也不可能面面俱到。因而，选择出现瑕疵也就是必然的。

人生是很漫长的，我们可以不断地修正自己的方向，就像火箭发射一样，必须随时校正，才能保持方向的正确性和操控的严密性。尽管人生并不如火箭发射一般追求严密，却同样需要随时校正偏颇。唯有如此，我们一生之中的选择才能带来好的结果。

在《围城》中，钱钟书曾说，天下有两种人。一种人拿到一串葡萄之后，总是先吃最好的，另一种则恰恰相反，他们先吃最坏的葡萄，而把好的葡萄留到最后。不过，这两种人恰恰处于两个极端，都不可能拥有快乐幸福的人生。前者的人生是在走下坡路，葡萄越吃越烂，后者的人生则恰恰相反，每顿都在吃烂普通。其实，假如改变心态，重新考量，不妨这么想：前者可以认为自己吃的葡萄总是最好的，后者则可以认为自己吃的葡萄和之前的葡萄相比，总是有进步的。这就是选择的魅力。在很多情况下，人们并不因为拥有的多少而苦恼，而是因为觉得自己拥有得太少，导致心绪低落。改变一个角度看待问题，我们就会发现世界也完全变得不一样。在进行选择的时候，我们也要学会从不同的角度思考问题，从而帮助自己更加清醒理智地解决问题。

杞人忧天，只会让你失去当下的幸福

毫无疑问，生活中是需要未雨绸缪的，这样才能把很多事情都提前做好规划，从而帮助人们更好地安排生活和工作的节奏，使人生更合理。然而，凡事皆有度，当未雨绸缪过度，人生就会因为杞人忧天而变得无比沉重。人身是由无数个今天组成的，我们依然背负着今天的种种负担，假如再把明天的烦恼也预支过来，一起面对，那么今天就会变得异常艰辛。从这个角度来说，杞人忧天除了让我们失去现在的幸福之外，几乎于事无补。

人应该活在当下。要想避免明日的烦恼，最好的办法并非预支明日的烦恼，而是把握好现在的每一天，活好当下的一分一秒。当下，今日，就是明日的基础和依托。如果能把每一个今天都活好，明日也就会变得更加坚实。很多人的心中都隐藏着明日的小蚂蚁，让我们日日夜夜不能安睡。在这种情况下，除了导致我们寝食不安以外，几乎毫无好处。其实，当我们处理好今日的事情，再卸下思想的包袱，明日就会安然到来，一切都会水到渠成。

近来，刘红正在考虑去上海买房的事情。原来，刘红的老公林强早几年就被调到上海工作了，而他们的家却在苏北。为了一家人能够团聚，也为了给孩子创造更好的生活与学习条件，刘红和林强一直想把家安到上海。不过，刘红也很犹豫，因为上海的房价特别高，虽然他们目前手里有首付，可以按揭买房，但是一想到等到孩子上大学每个月都需要高昂的学费、生活费，还要负担月供，她就忧心忡忡。这段时间，刘红一直在琢磨买房的事情，越想越害怕，不知道搬到上海以后生活水平是否急剧下降。

思来想去，也进行了好几次家庭会议，刘红还得到了父母的支持，父母愿意支援她一笔钱，给她作为首付之用，这样按揭的压力也会小些。不想，刘红最终却决定不再动心思去上海买房，她的理由也很充分：去上海不但房子贵，生活成本也高，简直没法活了，不如带着孩子在家里，让林强一个人两头奔波。一年过去，刘红的肠子都要悔青了。原来，他们曾经决定要买的那个楼盘，一平方米的价格就涨了一万多，如果当初买套房子，哪怕不去上海定居，也可以把房子卖掉，净赚一百多万呢！

刘红面对搬家去上海的反应，就是典型的杞人忧天。她明明知道孩子读大学还是七八年以后的事情，却为了这遥远的将来导致今日承受了巨大的烦恼，最终被预想的情况逼迫得打消搬家到上海的念头，也错过了最好的安家置业的机会。

生活中既有无穷无尽的快乐，也有无穷无尽的烦恼。我们既要未雨绸缪，也要避免透支烦恼。在任何情况下，烦恼都是不可能完全消除的，因为随着生活的不断推进，新的烦恼总是应运而生。因此，我们必须杜绝杞人忧天，才能轻装上阵，带着快乐幸福的心情一路向前。

有时候，绝境恰恰意味着生机

精通于炒股的朋友对于触底反弹这个词语并不陌生，尤其是在股票被套牢的情况下，他们几乎每时每刻都在盼望着触底反弹。然而，触底反弹真的会出现吗？股票市场变幻无常，人生却没有永远的绝境。很多时候，我们正在遭遇的绝境也许正意味着生机，我们恰恰能够绝处逢生，彻底改变人生的命运。当然，这种转机的出现是有先决条件的，那就是必须保持积极乐观开朗的心态，也要坚持永不放弃的心。在任何情况下，一旦人们主动放弃，就再也没有机会扭转局势，这是必然的结局。

很多人都喜欢看好莱坞大片，电影中的男女主人公都像打不死的小强一样，不管遇到多少艰难险阻，都始终不放弃，不忘初心。最终，他们才能绝境逢生，来个大逆转，给予忠实的粉丝们一个完美的交代。艺术总是来于生活，而又高于生活。虽然我们的人生不是好莱坞大片，但是也必然会遭遇坎坷挫折。所谓人生不如意十之八九，哪个人在人生之中不会遇到一些困难和障碍呢，只有真正的强者才能竭尽全力地战胜困难。当然，在真正遭遇绝境的时候，我们一定要保持理智和淡定，因为在任何情况下，歇斯底里都不解决问题，唯有保持清醒，才能寻找生机，扭转局势。偏偏有些人在关键时刻掉链子，越是紧张越是脑子不转圈，就导致因循守旧，无法正确面对危急情况。由此可见，绝境之后灵活应对，打开思路，努力创新，随机应变，才是王道。

在滑铁卢战役遭遇失败之后，拿破仑被流放到圣赫勒拿岛。他在岛上孤独苦闷，后来有位朋友通过秘密的方式送了一副象棋给他。拿破仑非常喜欢这副象棋，经常在一个人独处的时候下象棋，以此打发无聊的光阴。就这样，拿破仑在岛上孤独终老，后来那副象棋在他去世之后被多次拍卖转手。

一个偶然的机会，象棋持有者无意间发现象棋底部居然另有玄机。原来，这个象棋是可以从底部打开的，而其中有一张画得密密麻麻的地图，可以帮助拿破仑逃出圣赫勒拿岛。遗憾的是，拿破仑一直没有领悟到朋友的苦心，他最终因为因循守旧的思维孤独地死在圣赫勒拿岛上。

很久以前，国王让两个技艺不分上下的木匠分别雕刻一只老鼠，以此来判断他们谁的手艺更高。因为国王承诺要给手艺高超者很多奖励，所以这两个木匠全都慎重对待这次比赛，在准备的三天时间里全都不遗余力。眼看着三天的时间到了，两位木匠都拿出了自己精心准备的作品。第一位工匠雕刻的老鼠活灵活现，甚至连胡须都清晰可见。第二位木匠雕刻的老鼠呢，则非常粗糙，只是神态比较生动而已。作为裁判的大臣们和国王意见一致，都觉得第一位木匠手艺更加高超。这时，第二位木匠提出了一个更合理的评判方法，他说："老鼠是不是惟妙惟肖，其实在座的各位都没有裁判权。只有猫认可的老鼠，才是最活灵活现的老鼠。不如，咱们让猫上来看看，它更喜欢哪只老鼠。"国王觉得第二个木匠的话也不无道理，因而马上让人找来几只猫。不想，这些猫对于第一个木匠雕刻的老鼠毫无感觉，反而全都扑向第二个木匠雕刻的老鼠，对其不停地撕咬扑抓。这时，大家都被事实驳倒了，不得不承认第二个木匠的手艺更为高超。事后，国王问第二个木匠如何让老鼠吸引猫，第二个木匠笑着说："其实，我只是把鱼骨头混合在木料里雕刻老鼠而已，哪有猫不喜欢吃鱼的呢！"

在第一个事例中，拿破仑与逃出孤岛的机会失之交臂，就因为他陷入了惯性思维之中，以为朋友送他象棋就是为了打发无聊时间的。在第二个事例中，木匠并没有依靠老鼠的栩栩如生吸引猫，而是采取了更为直截了当的方法，直接把鱼骨头加入雕琢老鼠的木料中，一旦闻到腥味之后，猫自然迫不及待地扑向木板，它们还以为那是鲜美可口的鱼呢！

这两个事例都告诉我们，越是身处绝境或者在危急时刻，转变思维就显得越发重要。只有变通的人，才能适应这个瞬息万变的社会，也才能在任何情势下都做到与时俱进。

生活并不总是阴霾，你的心灿烂吗

生活中，常常有人抱怨处处都是阴霾，似乎让自己都无法喘息。殊不知，很多阴霾并非客观存在与生活之中，而是长久地驻扎在我们的心灵深处。如此一来，当我们的眼睛变得灰暗时，我们看到的一切都会无比阴暗。恰恰相反，如果我们从心灵到眼睛都投射出阳光，那么我们所看到的一切也会阳光明媚，充满光明。正如一位名人所说，这个世界上并不缺少美，而只是缺少发现美的眼睛。当我们发自内心地改变自己，整个世界也会随之而改变。

当你抱怨生活中满是阴霾时，不如首先扪心自问：我的心里有阳光吗？我的心灿烂吗？一个幸福的人，必然对于人生充满感恩，乐观开朗。只有拥有健康的心态，我们的人生也才能变得更加明媚。好的心态，灿烂的内心世界，能够折射到我们的眼睛里，让我们看到的一切也无比明媚绚烂。尤其是现代社会人际关系复杂，积极乐观开朗的心态，更能够让我们的心保持煦暖。

毋庸置疑，每个人在生活中都会遇到不开心的事情，尤其是在复杂的职场上，更是难以事事顺心如意。在这种情况下，如果我们没有能力改变客观外界的事实，不如努力调整心态，让自己变得更加宽容豁达和坚强吧。

自从大学毕业以来，小雅的生活似乎完全变了模样。从父母的掌上明珠，到大学时期的三好学生、学生会主席，小雅的人生似乎一直非常顺利，简直就像是命运的宠儿。然而在找工作的时候，因为小雅的身高只有140公分，这样以貌取人的招聘人员全都对其不屑一顾。尽管小雅拿着沉甸甸、含金量颇高的个人简历，最终也依然没有为自己找到一份好工作。

在退而求其次进入现在的公司之后，小雅总觉得自己大材小用，对公司也是处处看不顺眼，觉得公司规模不够大，品牌不够强，总之没有任何好的地方。进入公司第一年年会时，小雅虽然获得了优秀新人奖，但是她丝毫没有觉得高兴，而是觉得委屈。渐渐地，小雅工作态度越来越不端正，对于公司的很多竞赛也不上心，工作表现越来越差。最终，小雅被老板叫去谈话："假如你觉得公司庙小，留不下你，你可以选择辞职。我想，你应该能够找到更好的工作。"老板的话如同晴天霹雳，小雅怎么也没有想到自己居然会被劝退，她很失落，这才意识到公司虽然庙小，其实对于她这个人才还是非常珍惜的。意识到自己即将成为无业游民，而且也未必能够再次找到一个赏识自己的老板之后，小雅改变了工作态度说："这家公司是伯乐，所以才相中了我这匹千里马，我一定不能让老板失望，也不能对不起老板的栽培。"她想，也许在如此英明睿智的老板的带领下，公司将来发展壮大了，我就成为元老了呢！想到这里，小雅赶紧表态："对不起，老板，我最近因为一些事情没有把全部精力用在工作上。但是你放心，从此以后我一定与公司同呼吸，共命运，绝对不会让您失望。"

改变心态之后，小雅再也不会怨声载道了。她看公司里的每个人都很顺眼，尤其是老板，简直就是她心目中的伯乐。一旦对公司注入感情，小雅觉得自己浑身都充满了力量。她的心态改变，工作状态也随之改变，觉得自己的整个人生都变得阳光明媚了。

从本质上来说，一个人生活和工作得是否快乐，虽然与很多客观条件密切相关，但是对其影响最大的因素是心态。虽然我们不是唯心主义者，但是心态的确不可避免地影响到我们生活和工作的方方面面。当我们满心怀着阳光去看待生活，我们就会发现生活中处处都是美，处处都是阳光和力量。当我们满怀热情真诚地看待这个世界，世界也给我们丰厚的回报。朋友们，不要再抱怨生活的反复无常和阴云蔽日了，先问问自己是否有一颗灿烂的心吧！记住，心若改变，世界也随之改变！

自卑是人生的最大束缚，要想成功必须战胜自卑

对于任何渴望成功的人，自卑都是绝对要不得的。自卑就像是束缚生命的“缰绳”，压抑得人们无法畅快地喘息。自卑给我们的生命带来阴影，让原本可以绽放于生命阳光下的花朵被阴影遮蔽，无法享受阳光的亲密接触。自卑也使人变得胆小怯懦，失去自信。自卑的我们，生活脆弱不已，根本无法经受住生命的风风雨雨。由此不难得出一个结论，自卑是人生的最大束缚，我们必须竭尽所能地挣脱自卑，才能尽情享受人生，拥抱人生。

在通常情况下，自卑的人对于自我的评价都很低。他们很擅长于自我批评，但是自我批评的目的不是为了自己更好地进步，而是不断地否定自己，打击自己的自信心。不管是对于自己受之父母的身体发肤，还是对于自己的能力和才学，他们都绝不肯定，而是一味地仰视他人，鄙视自己。他们从不会昂首挺胸地走路，似乎自卑已经压得他们抬不起头来，也让他们的心沉甸甸的。在通常情况下，自卑的产生并非偶然，大多数人感到自卑是因为无法客观公正地评价自己，也对自己的优点认识不足，一味地只盯着自己的缺点看。还有一部分人，是因为曾经遭受挫折，始终没有从挫折的打击中恢复信心，导致被自卑缠绕，信心越发消失得无影无踪。不管是因为哪种原因形成的自卑，都会让人们的心理健康受到严重影响，导致人们越来越远离成功。要想消除自卑，最好的办法就是竭尽所能地建立自信。如果说自卑是阴云，那么自信则是阳光，不但能够驱散阴云，而且能使我们的人生变得明媚起来。建立自信的方法有很多，诸如挑战自我，做一些超越自我极限的事情，或者做一些自己力所能及的事情，以培养自己的信心。只要我们发自内心地相信自己是有所长的，也是足够努力和勤奋的，我们就能建立自信，赶走自卑。

作为央视的资深记者和主持人，董倩曾经非常自卑。即便在进入中央电视台之后，她也有自知之明，深知自己论聪明不如张泉灵，论口才不如柴静，论深刻又输于白岩松，因而她时刻鞭策和激励自己加倍努力，尽量保持与那些优

秀的同事处于相同水平。

高考之前，因为受到霍达的小说《穆斯林的葬礼》的影响，董倩一心一意想要考入北大英文系，却又因为英文成绩普通而不得不进入冷门的历史系就读。她根本对历史毫无兴趣，一直羡慕那些考入英文系的女同学，还为此偷偷哭过鼻子呢！失落了整个大一的董倩，到了大二才开始渐渐对历史感兴趣。喜欢看书的她，经常捧着书本坐在未名湖边，还尤其喜欢去图书馆看书，在知识的海洋里遨游。直到1995年通过面试进入中央电视台的新闻评论部《焦点访谈》栏目，董倩正式成为一名编辑。央视的大门向着董倩敞开，也就此彻底改变了她的一生。因为对电视节目的制作一无所知，董倩简直自卑透顶，她不得不陪着笑脸向其他同事请教，在北大四年养成的清高孤傲也就此消失得无影无踪。当成为记者之后，对于白岩松只需要二十分钟就能完成的一次人物采访，她却需要整整两个小时才能完成。为此，她更加感受到自卑，也对于扛着摄像机陪伴她两个小时的摄像师万分愧疚。一个偶然的机会，一个采访对象告诉董倩："人和人的资质相差无几，之所以有的人获得成功，有的人碌碌无为，差别就在于谁能坚持到最后。"这句话给了董倩深刻的启示，她知道必须背负起自己的自卑，把自卑转化为动力，不断地向前，向前，再向前。如今已经成为资深记者和主持人的董倩淡然地说："从学校到社会，从年轻到成熟，适度的自卑能够推动我们前进，克服自身的缺陷，不断提升自己。"这正是一个人经历了成长之后的心声。

从董倩我们身上不难发现，她之所以从一个一窍不通的菜鸟变成资深记者和主持人，就是因为她始终有着自知之明，也把自卑转化为动力，使其不断推动自己前进。否则，一旦陷入深深的自卑中，而缺乏理智的思考和决断，就很容易变得消沉低落，无法鼓舞自己奋勇向前。

自卑是成功的敌人，每一个渴望成功的朋友们，从此刻开始，向董倩学习把自卑转化为前进的无穷动力吧，唯有如此，我们的人生才能不断向前，直到获得成功。

第15章 当信念成为人生的坚强支柱，你就能够坦然迎接一切改变

人生之中难免遇到坎坷挫折，每个人都像是在茫茫的大海上行舟，或者遇到狂风暴雨，或者遇到惊涛骇浪。除了要毅志坚定之外，我们还要坚定自己的信念，唯有让信念成为人生之中最坚强的支柱，我们才能更加坚定不移地走好自己的人生之路。

信念是我们心中的明灯

信念就像是人生中的一粒种子，即使遭遇寒冬腊月，等到春暖花开的时候，它就会破土而出，生根发芽，开花结果，带给人生丰硕的收获。从某种意义上说，信念是一种坚强的意念和顽强的毅力，能够帮助我们在遭遇人生困境的时候，始终斗志昂扬，不离不弃。很多成功人士之所以能够排除万难，获得成功，就是因为他们有着超强的信念。如果说命运是起伏不定的大海，那么信念就是我们人生之舟的帆船。如果说命运是高山，那么信念就是我们的登山杖，时刻帮助给予我们力量。当人生陷入漆黑的暗夜之中，新年就像是人生的引航灯，时刻帮助我们指明方向。

其实，每个人的心中都有一盏灯，信念就是我们心中的明灯。它始终让我们的内心无比充实坚定，也让我们散发出温暖的热量。一个人一旦拥有信念，对于人生的态度都会变得不同。为了完成自己的梦想，我们可以不放弃，风雨无阻，也可以不断挖掘自身的潜能，超越自身的限制。即便到了人生的绝境，我们也会依然满怀希望，绝不轻易放弃。这就是信念的作用。当我们不小心走偏人生之路或者误入歧途的时候，信念还会时刻为我们敲响警钟，让我们校正自己人生的方向，帮助自己驶向成功的彼岸。

1955年，张海迪出生于山东省文登县。那时候，她是一个健康可爱的婴儿，谁也想不到，张海迪五岁的时候厄运突然降临，她胸部以下全都失去知觉，生活完全不能自理了。为了给张海迪治好病，父母带着她去了很多地方求医，做了很多次手术，但是最终无能为力。就这样，小小年纪的张海迪成为一名高位截瘫患者。很多医生都判定像她这么小的高位截瘫患者无法成人，但是父母却从未放弃。在意识到自己有可能早早死去之后，张海迪并没有放弃对生的希望和渴望，而是像正常的孩子一样勤奋刻苦地学习，由于不能去学校，她就在家里自学。

曾经，张海迪在日记里自认为是一颗流星，即便只是短暂地从天空中划过，也一定要变得耀眼夺目。她说，我要成为一颗流星，即便生命短暂，也要为人民做出贡献，这样才不枉此生。1970年，因为父母下乡插队，张海迪也就跟着来到了农村。看到当地的群众缺医少药，有一点小病都无法医治，张海迪萌生了学医的念头。她用平日里辛苦积攒下来的钱买了一些与医学有关的书籍，用心学习。为了了解内脏的构造，她自己用小动物进行解剖实验。为了了解穴位，学会针灸，她就用自己的身体做实验。如此废寝忘食，张海迪的医术越来越有长进，开始为当地的百姓们治疗常见的头疼脑热病。在农村的十几年里，张海迪为一万多名百姓治好了疾病。后来，她的父母进入县城生活，张海迪也随着他们来到县城，却不愿意因此成为吃闲饭的人。为此，她又拿起笔来，想要进行文学创作。后来，她凭借勤奋努力，笔耕不辍，最终成为山东省文联的创作人员，她的作品也在社会各界引起了强烈反响。后来，张海迪还学习英语，最终不但能够熟练阅读英文作品，还承担起翻译英文作品的工作。不得不说，张海迪的人生远远比很多肢体健全的正常人更加充实，更加有意义。

每个人在人生之中，都会遇到高低起伏和艰难险阻。一个人不会永远陷入人生的低谷，也不会始终处于人生的巅峰。因而，在人生之中必须更加坦然淡定，唯有如此，我们的人生才会更加充实，也才能更加从容。张海迪的故事激励了无数人勇敢面对人生，努力充实人生。她虽然身残，但是却很有志气。对于张海迪而言，她的人生必然是绚烂的，也发挥自己的光和热。

朋友们，我们都要成为一个拥有坚定信念的人。唯有在信念的指引下，我们的人生才能更加充实丰盈。

永远不要停下追随梦想的脚步

人生如果没有梦想，就像大海失去了灯塔，在迷惘时，往往找不到方向，人生也会因为缺乏梦想的指引变得浑浑噩噩，不知所措，白白浪费宝贵的青春时光。由此可见，梦想对每个人的人生而言都是非常重要的，它能够帮助我们张开翅膀，展翅翱翔。

很多时候，人们的梦想未免不切实际，但是只要持之以恒地为之努力，也未必不能实现。诸如施瓦辛格曾经的梦想就是成为美国总统，最终他从健美先生做起，再到知名演员，再到州长，可以说他已经距离自己曾经遭到无数人嘲笑的梦想越来越近了。从他的身上我们不难看出，梦想遥远并不可怕，只要我们坚持不懈，持之以恒，总有一天会无限接近梦想，甚至完全实现梦想。心理学家弗洛伊德认为，当梦想得以实现，就是人的愿望得以实现。人生在不同的阶段中，需求都是不相同的，因而梦想也会随之改变。假如有一天你被自己突如其来的梦想吓了一跳，千万不要觉得惊讶，因为你的梦想并非不可能实现。根据马斯洛的需求层次理论，人的需求分为五个层次，分别是生理、安全、社交、尊重和自我实现。这也就注定了人在吃饱肚子之后，会产生更多的精神层面的需求，因而导致人们在梦想的激励下做出不同的人生表现。既然梦想永无止境，我们追求梦想的脚步也应该是永无止境的。

作为一名普通的农村孩子，刘军由于高考落榜，父母也没有更多的能力供养他复读，因而来到城市里开始打工。他在一家理发店当学徒，报酬只是最基本的生活保障。闲暇的时候，刘军会去网吧打打游戏，上上网，因为他在大城市里举目无亲，根本无处可去。有一次，网吧里的服务器突然出现故障，导致整个网吧都瘫痪了。为此，所有上网的人都等着技术人员过来维修，但是技术人员却因为堵车，迟迟未到。这时，刘军突然想到，假如我也能学会维修网络的技术，那么以后就不用在理发店工作了。再加上刘军本身也很喜欢电脑，因而决定利用在理发店的闲暇时间学习维修网络和电脑。说干就干，刘军马上开始积攒学徒赚到的钱，等到几个月之后钱攒够了，就马上报名参加电脑培训班。

对于刘军的举动，理发店里的其他学徒都说他是异想天开，因为刘军告诉大家以后自己要开一家网吧，且自己当技术人员，随时维修网络和服务器。刘军却笑而不语，他很清楚自己以后要做什么。一年多时间过去了，刘军的学习结束了，他进入一家网吧当网管兼职技术员，果然很受欢迎，老板还特意给他多开了一千的工资呢。在工作的过程中，他学习老板的经营之道，节省每一块钱。如此三年时间过去，老板突然说自己要转行搞建筑了，想把网吧转让出去。这时，刘军已经与老板处得像哥们一样好，他马上抓住这个千载难逢的好机会，对老板说："张哥，我想兑下你这家网吧，但是手里钱还不够。你看这样行不行，既然你想把网吧八万块兑出去，我先给你五万块，剩下的三万我在一年内付清，就当是借你的，再给你一万的利息。这样你也能多转让一万，你看如何？"老板也并不急用这几万块钱，因而当即答应了刘军的请求。就这样，刘军顺利成为这家网吧的新老板，他再也不用给别人打工了。

对于一个来自农村的孩子而言，要想在大城市拥有一家网吧，简直是难以想象的事情。但是刘军敢想敢干，他不但想到之后马上就去做，而且一直朝着梦想前进，从未放弃努力。在一点一滴的进步中，刘军渐渐接近自己的梦想，直到梦想变成现实。对于他而言，这个梦想是在当前的人生阶段中想要实现的。也许等到他当了一段时间的老板之后，还会萌发出其他的理想呢！人生，正是在这样一步又一步中渐渐上升到更高的层次和水平。

如今，那些曾经嘲笑刘军的师弟师哥们，依然在发廊里工作，看到刘军的人生迈上了一个新台阶，他们一定觉得非常羡慕吧！其实，他们与刘军的区别就在于，刘军有梦想，而且为了梦想不懈努力，但是他们却不敢想，而且即便有了梦想，也没有为梦想插上翅膀！

不经历风雨，怎能见彩虹

在人生之中，每个人都要做出很多的选择。尤其是在事关人生大事的选择上，很多人都犹豫不决，瞻前顾后，或者害怕凭借自己的能力无法实现梦想，或者害怕会遇到狂风暴雨无法继续前行。其实，既然选择了远方，我们就要风雨兼程；如果选择了安逸地度过一生，那么就要耐下心来，用心经营平淡的生活。瞻前顾后、举棋不定的人，是无法很好地面对人生的。

就像一朵温室里的花朵，假如不经历风雨的历练，一旦离开温室的安逸环境，马上就会凋零枯萎。相比之下，野草的生命力则显得更加顽强。它们从生命存在的那一刻开始就在野外的环境中，遭受风沙肆虐，遭受风霜雨雪，也因为它们向来无所畏惧，不管在多么艰难的环境中都能生存下来。细心的人会发现，野草的身影几乎无处不在，哪怕只是墙缝里的一点点泥土，它们也能生根发芽，长势喜人。做人，千万不要像温室里的花朵一样弱不禁风，而应该成为顽强的野草，不管环境多么恶劣，都能不改初心，顽强向上。很多人看到别人的成功，都将其归结于运气好，或者天上掉馅饼。殊不知，没有任何人能一蹴而就获得成功。我们只是普通人，那就只能自己吃苦，为人生奠定坚实的基础。

很小的时候，巴雷尼就因为身患重病留下了残疾。看着幼小的孩子变成这样，母亲心如刀绞。但是母亲很清楚，孩子此时正需要鼓励和支持，因而她擦干眼泪，微笑着走到巴雷尼的病床前，对他说："我的宝贝，妈妈相信你有勇气面对现状。只要你不放弃，你就能走出属于自己的人生之路，知道吗？你能答应妈妈不管多么辛苦，都永不放弃吗？"母亲的话让巴雷尼稚嫩的心灵感受到沉重，他突然扑进母亲怀抱中大哭起来。从此之后，母亲抓住每一个机会帮助巴雷尼练习行走，还陪着巴雷尼一起做操，活动筋骨。有一次，母亲身患重感冒，一动都浑身酸痛，但是她依然坚持着陪伴巴雷尼练习行走，因为她要给巴雷尼以身示范。练习结束之后，母亲的衣衫都被虚汗浸透了，巴雷尼的身体却渐渐强壮，把残疾带给他的不利影响消除到最低。正是因为母亲的坚持和不断激励，巴雷尼才能从厄运之中勇敢地站起来，始终在学习上不断进步，最终成为维也纳大学医学院的一名学生，主攻方向是耳科神经学。凭借着顽强的毅力和永不放弃的心，巴雷尼最终战胜了人生的风风雨雨，成功登上了诺贝尔生理学和医学奖的领奖台，为整个世界都做出了巨大的贡献。

宝剑锋从磨砺出，梅花香自苦寒来。如果一个人只有梦想，却不能为了实现梦想而努力，那么他的梦想就会变成空想，最终导致毫无实现的可能。大凡成功的人，都是能够坦然面对人生风雨的人。他们有毅力有恒心，始终能够行走在人生的前沿，不管遇到什么情况都绝不放弃。他们就像是沙漠里的胡杨，有着顽强的生命力，能够战胜人生之中一切的艰难困苦和恶劣环境。

毋庸置疑，每个人都想在职场上出人头地，殊不知，职场上的竞争更加激烈，人们必须非常努力，而且要排除重重困难和阻碍，才能崭露头角，得到上司的认可和赏识。尤其是现代职场人际关系复杂，我们必须勇敢面对人生中的各种艰难坎坷，从而才能证明自己的能力，实现自己的人生梦想，成为人生的赢家。

方向对了，我们就会更加充满力量

很久以前，有个魏国人想去楚国，他准备了非常充足的盘缠，还特意雇佣了最好的马车和技术最精湛的车夫。准备好这一切之后，他就上路了。他命令车夫一路向北行驶，却根本没有想到楚国在魏国的南面，他应该往南走才对。在路上，他遇到一个朋友，朋友问他要去哪儿，他大声说：“我要去楚国！”

朋友疑惑不解地问："去楚国应该往南走啊！你怎么朝北去呢！"他不以为然，大声说："不碍事，我的马跑得很快！"朋友拉住他的马，着急地说："但是楚国应该往南走啊，你往北走永远也到不了！"他依然没有听进去朋友的话，而是炫耀地说："你看看我的马车，多么坚固啊！一定能把我平安地载到楚国！"朋友哭笑不得，说："你的方向错了，马车坚固也没用啊！"他却满不在乎地说："没关系，我多走几日也无妨，我的盘缠很充足！"朋友气急败坏地说："你的方向错啦，错啦！"他依然充耳不闻："我的车夫驾车技术很高超！"说完，他就让车夫驾车继续往北驶去。无奈之下，朋友只好眼睁睁地看着他往北驶去。

南辕北辙的故事很多朋友都曾听过，这个故事告诉我们，一旦方向错了，很多有利的条件就会变成弊端，导致人们距离自己的目标越来越远。其实，我们在规划人生的时候也应该如此，首先应该保证方向是正确的，才能朝着自己的目标不断前进。否则一旦南辕北辙，所有的努力都会变成徒劳。信念也是如此，坚定不移的信念在正确的方向上，能够帮助我们更好地把握未来。否则，信念就会让我们一错到底，永远不知道悔改。

作为美国著名的侦探小说家，苏格拉·富顿最初的写作道路并不顺利，甚至堪称坎坷。她足足坚持了二十五年的时间，才让自己的作品得到人们的认可，最终成为大名鼎鼎的小说家。当接受采访被人们问及如何获得成功时，已经功成名就的她表现得很淡然："假如有人告诉你，你将会在二十五年后成为大名鼎鼎的作家，你会如何做？那么，在遭遇坎坷和挫折的时候，你会不会坚持？"答案是肯定的。假如你知道自己必然会获得成功，那么一定能够排除万难坚持下去。与此恰恰相反，假如你并不坚定，你一定会在遭遇挫折和坎坷时放弃。苏格拉正是凭借着这样的坚定信念和对写作的狂热热情，走过了艰难的二十五年。最终，得到了读者的认可，功成名就。

与其说苏格拉一直梦想着跻身于作家的行列，不如说她在与文字博弈，在以自己的顽强信念证明自己。如今的她早已成为一名畅销书作家，也因而拥有无数的读者和粉丝。面对今日的成就，苏格拉也许欣喜，却并不惊喜，因为她早在二十五年前就坚定不移地相信自己一定能够获得成功。

大凡成功之人都是自信之人，对于自己的人生也抱着坚定不移的态度。他们无比坚定地忠诚于自己的信念，拒绝平庸的人生，坚定不移地奔向自己的梦想。尤其是当信念具有明确的方向时，他们变得更加坚定，深信只要自己坚持不懈地努力，就终有实现梦想的那一天。

客观衡量自己，才能理智实现梦想

每天看着镜子中自己熟悉的脸，你是不是会在凝神细思的时候产生陌生的感觉呢？的确，我们对于自己的脸是很熟悉的，但是却未必了解自己的内心世界。因而有人说，最熟悉的陌生人就是自己，当一个人能够超越自己，也便获得了开阔的人生。毋庸置疑，生活中有很多人并不了解自己，他们或者妄自菲薄，或者自高自大，真正能够客观评价自己的人并不多，能够公正衡量自己的人也就更加少之又少了。

古人云，人贵有自知之明。在任何情况下，人都必须对自己有正确的认识，不管是优点和缺点都应该看在眼里，才能更加准确定位自己，也能公正地衡量自己。否则，人生会因为对自己的混沌无知变得混乱。例如，一个人盲目自大，总以为自己的能力很强，智商与情商都很高，那么他就会在己所不能的时候盲目逞强，导致事情无法取得满意的结果。相反，如果一个人能力很强，品性很好，但是却因为自卑，导致总是怀疑自己的能力，也无法在千载难逢的好机会到来时毛遂自荐，导致自己错失良机，使人生也与好机会失之交臂。不管是哪种情况的发生，无疑都是让人遗憾的，前者是好心办坏事，后者则是成为被埋没的金子，无人能识。

1947年，在美国，一家石油公司的董事长去南非开普敦视察工作。他去洗漱间时，看到一位黑人小伙正跪在地上擦地板，不由得很好奇地问：“你为什么擦地板如此认真而又快乐呢？”黑人小伙说：“我很感恩，如果不是上帝保佑，我很难找到这份工作，也就无法养活自己了。”听了小伙子的话，董事长笑起来，说：“我认识一位圣人，是他使我开拓事业，成为这家公司的董事长，你也想认识他吗？”小伙子连连点头，说：“当然，当然！”董事长一本正经地说：“从开普敦往北，有座山特别出名，无人不知，无人不晓，那就是大温特胡克山。我所说的那位圣人，就住在那座山里。只要得到他的指点和帮助，你就一定能够拥有大好前程。我就是在登山时候遇到那位圣人，才有了今日的成就。现在我给你一个月的假期，你去大温特胡克山寻找那位圣人吧。只要找到他，你的人生就会从此与众不同。”

黑人小伙感谢董事长之后，马上就兴冲冲地出发了。他一路上风餐露宿，马不停蹄，历经千辛万苦，终于来到了大温特胡克山。然而，他从山脚找到山顶，连圣人的影子都没看到。足足找了好几天之后，他才失望地回到公司，继续打扫卫生。遇到董事长之后，他遗憾地对董事长说：“董事长，感谢您的好意，只是我与圣人无缘，根本没有见到圣人。整座山上空空荡荡的，只有我一个人。”董事长笑了，说：“对啊，你就是你自己的圣人，只有你才能改变你的命运。”二十年的时间过去了，这位黑人小伙成为该石油公司开普敦分公司的总经理。当人们问起他成功的经验，他感慨万千地说：“从你认识自己的那一天开始，你就遇到了能够帮助你成功的‘圣人’。”

对于任何渴望成功的人而言，最重要的是认识自己。我们很多时候自以为了解自己，殊不知，自己就是我们最熟悉的陌生人。我们不但要了解自己的脾气秉性，还要了解自己的优点和缺点，才能准确衡量和评价自己，从而为自己找到最合适的成功之路。

除此之外，认识自己的客观公正的态度，也有助于我们更好地了解这个世界。假如一个人对自己的评价都非常中肯，那么他在对待客观世界的时候，一定也不会过于失之偏颇。由此可见，认识自己不但是走向成功的第一步，也有助于我们更加深入地认识客观世界。

梦想创造奇迹，也改变人生的轨迹

梦想在人生之中不断指引我们向前，也改变我们人生的轨迹，更能够创造我们人生的奇迹。当一个人在梦想的指引下坚持不懈地努力，持之以恒地付出，他就具有神奇的力量，能够让自己张开翅膀，翱翔于长空。

作为一名乡村邮差，学瓦乐几乎每天都在各个乡村之间奔走，为人们及时送去邮件。有一天，天色已经晚了，他行色匆匆地走在坎坷不平的山路上，突然一不小心被绊倒了。爬起来之后，他正准备继续赶路，却突然发现绊倒他的那块石头形状非常独特，而且散发出奇异的光泽。他捡起石头看来看去，简直爱不释手。最终，他把石头放进自己随身携带的邮包里，带回了家。回家之后，他拖着疲惫的身体躺在床上，拿起石头不停地把玩，越看越喜欢。他突然突发奇想：既然我每天都因为工作需要行走在山路上，为什么不能留心捡更多这样的奇珍异石，然后用它们建造一幢房子呢？如果这样的房子真的能够建成，一定非常漂亮，简直如同梦幻中的城堡一样吧！从此之后，他每天都开始推着小推车送信，这样他就能够随时捡起山路上的奇怪石头，并且把它们收藏起来。当然，困苦也随之而来，因为他原本只需要带着邮件奔波，如今却又多了一辆小推车还有很多沉重的石头。到了夜晚，他忙碌完一天之后万分疲惫，却又要开动脑筋设计自己的城堡。他的思维非常开阔，不像大多数设计师那样有局限性，而是天马行空。在足足二十多年的时间里，他不停地捡石头建造城堡。这些城堡当然不像普通的城堡那么高大，而是像孩子们玩耍的城堡一样精致。由于数量很多，已经变成了颇具规模的城堡群。

一个偶然的机会，法国一家报社的记者发现了这群城堡。它们很低矮，却又无比精致，而且因为规模宏大，简直就像一个梦幻王国。为此，记者马上拿起笔写了一篇报道发出去，并且还报道了城堡的主人、设计师兼建造者学瓦乐。就这样，学瓦乐在一夜之间无人不知，无人不晓。越来越多的人涌入这个偏僻的小乡村，来参观这个规模宏大的城堡群。就连当时大名鼎鼎的毕加索，也曾经慕名而来参观这个城堡系列建筑。如今，时隔多年，这个城堡群已经成为法国的著名景点，名为“邮差学瓦乐的理想国”。在这个景点的入口处，学瓦乐的话赫然刻在当年那块绊倒他的石头上，映入每一个游客的眼帘：“我想知道一块有梦想的石头能走多远。”

学瓦乐从一个默默无闻的邮差，到一个法国著名景点的创始人，这一切都源于绊倒他的那块石头，以及他那不切实际的梦想。用日积月累捡来的石头建造城堡，这个梦想听起来就很疯狂。但是学瓦乐用二十多年的时间，用一块一块慢慢捡来的石头，实现了自己的梦想，并且为此青史留名，成为著名景点的创始人和拥有者。

他的话让每一个到达景点的人都陷入深刻的思考之中，是啊，一块有了梦想的石头到底能走多远呢？事实告诉我们，一块有了梦想的石头能够创造世界的奇迹，能够帮助另一个梦想实现。实际上，我们看到的和正在经历的世界就是由梦想构成的。假如没有莱特兄弟，飞机也许要晚些年才能问世；如果没有爱迪生，当时的人们根本不可能拥有电灯带来的光明；如果没有珠穆朗玛峰，人们不会站在世界之巅享受征服带来的自豪和骄傲……总而言之，梦想不但能够改变人生的轨迹，也能创造人生的奇迹。从现在开始，没有梦想的朋友赶快大胆地树立梦想吧！有梦想的朋友，千万不要轻易放弃梦想，要相信奇迹在努力之中一定会发生！

第16章　多个朋友多条路，多个敌人多堵墙

现代社会，人际关系被提升到前所未有的高度，人脉资源也成为人们立足于社会的重要资源之一。所谓多个朋友多条路，多个敌人多堵墙，在任何情况下，我们都必须多交朋友，少树敌人，才能拓宽和铺平自己的人生道路。俗话说，一个篱笆三个桩，一个好汉三个帮。任何人即使能力再强，也不可能仅凭一己之力就能行走社会。

拥有好人缘，把陌生人变贵人

在生活中，我们常常听到别人说遇到贵人了，所以才能好运相随。似乎只要遇到贵人，很多难题就能迎刃而解，也会使我们的生活发生转折，那么到底何为贵人呢？在通常情况下，人们所说的贵人，指的是能够帮助自己渡过难关的人，他们或者有权有势，或者能够雪中送炭，总而言之会在我们最需要的时候出现，而且恰到好处地伸以援手。那么，如何才能结识人生中的贵人呢？很多时候，贵人是我们生命中原本就已经出现的人，还有的时候，贵人是我们机缘巧合刚刚结识的陌生人。总而言之，一个人要想得到他人的关照和帮助，就应该注意在生活中广结善缘。

这天中午，原本晴朗的天空突然阴云密布，转眼之间大雨倾盆，很多路人都跑进附近的店铺里躲雨。这时，一位年纪很大的老妇人也踉跄着跑进一家百货商店，她的头发已经被雨淋湿了，狼狈地贴在头皮上。因为知道老妇人也一定是进来避雨的，所以那些聊天的售货员们只是冷漠地看了老妇人一眼，就开始继续聊天。这时，一个年轻的女售货员搬来一把椅子说："阿姨，这雨还得下一会儿呢，门口这里路面湿滑，很容易摔倒，您还是往里走走，坐在椅子上等着吧。"老妇人感激地看了一眼女售货员，说："好的，好的，谢谢你啊，

姑娘。”看到老妇人的头发全部湿透了，女售货员又说：“阿姨，现在已经是初秋了，很容易感冒着凉。我这就去给你拿毛巾，你先把头发擦干净，我再找个样品的吹风机给你吹一吹。”很快，女售货员就拿来自己的毛巾，让老妇人擦干头发，还从旁边的柜台上找了一个吹风机来给老妇人用。老妇人吹干头发，显得精神矍铄，狼狈的模样也不复存在了。雨过天晴之后，老妇人问了女售货员的姓名之后，就千恩万谢地告辞了。

过了几个月之后，商场经理突然接到一批订单，原来是一个很大的家族需要订购大量的日用百货商品。不过，这个订单指名道姓让那个年轻的女售货员负责，为此女售货员拿到了很大的一笔提成。直到这笔交易圆满结束，她才知道原来那位老妇人的儿子是一个大富豪，老妇人得知儿子的公司需要大批量采购之后，马上就把生意介绍给了这个女售货员。因为工作业绩突出，工作表现出色，商场经理很快就提拔女售货员为主管，让她负责商场的很多事情。

在这个事例中，很多售货员因知道老妇人是来避雨的，因而对其不以为然，甚至连基本的爱心都不愿意付出。那位年轻的女售货员则不同，她心怀大爱，虽然知道老妇人不会从她那里购买什么东西，却依然对老妇人呵护备至，这是发自内心的博大之爱。正是因为这个原本陌生的老妇人，女售货员才突然间时来运转，不但做成了大生意，还一跃成为商场主管。这就是善待陌生人，把陌生人变成贵人的典型事例。

当然，我们未必会和事例中的女售货员一样那么好运，一个偶然的机会就结识了人生中的贵人。即便如此，我们也依然要积极地与陌生人打交道，千万不要因为陌生就错失机缘。如果机缘巧合，我们很可能就会结识一个对我们的生活和工作有帮助的陌生人，因而受益匪浅。即便是认识的陌生人对于我们无法立即起到积极的作用，也能够拓展自己的人脉资源，为自己将来的生活和工作铺垫基础。

感情投资不可少，无事也登三宝殿

人是感情的动物，人与人之间的交往也是以感情为基础的。感情不但是人际交往的润滑剂，也可以作为一种投资。当我们想要与熟悉或者陌生的人变得亲切时，感情投资无疑是最好的选择。尤其是与朋友、同事，甚至是领导或者下属，适当地交往，礼尚往来，对于加深感情是有莫大好处的。生活中常常有些人习惯于明哲保身，他们既不愿意欠着别人的人情，也不愿意慷慨地帮助别人。他们更愿意把自己的生活维持在一个小小的圈子里，与别人互不相欠。殊不知，这样的明哲保身并不好，它只会使人们之间的交往变得疏远，使人们之间的感情变得淡漠。从某种意义上来说，感情其实就是欠出来的。你欠我的人情，你想着加倍还我，等到你还完之后我又觉得欠你的人情，因而想办法在合适的时机弥补你，如此一来二去，你来我往，感情自然越来越深了。

纵观古今中外那些成功人士，之所以一呼之下，应者云集，就是因为他们非常擅长感情投资。诸如三国时期的刘备，就是非常擅长打感情牌的。从他三顾茅庐请出诸葛亮，再到他吃了曹操的败仗之后看到百姓流离失所而黯然落泪，无一不是再打感情牌。从某种意义上来说，感情作为一种投资其实回报率是很高的，远比那些其他方式的投资更加划算。

作为日本麦当劳的社长，藤田田显然很擅长打感情牌，他尤其注重感情投资。每年，为了保障员工们患病之后能够得到及时救治，他都会专门预留出大笔的款项支付给医院，为公司保留病床。这样一来，当员工们自身或者家人发生意外或者突患疾病，他马上就能在医院找到床位，让他们住院治疗。这样的待遇员工不仅在工作日可以享受，即便是在休假期间，也可以享受。为此，曾经有人问藤田田，假如员工和家人很久不生病，这笔钱岂非巨大的浪费吗？藤田田无怨无悔地说："和能够让员工安心工作相比，这点浪费不算什么，得到的回报更是异常丰厚。"除了给员工及其家人一直预备病房之外，藤田田还专门制定了一项福利政策——员工在生日当天可以享受带薪休假，以陪伴家人，尽情庆生。这样一来，员工们生日的时候就不会三心二意地工作，而是能够专心致志地休息，等到次日再精神饱满地投入工作之中。也因为藤田田这种人性化的制度，员工们全都忠诚于公司，也都能够在工作的时候集中所有心力投入其中，使得效率倍增。

作为麦当劳的社长，藤田田始终相信，平日里的感情投资最终会给他带来丰厚的回报，也会使员工们发挥最大的效能为公司创造价值。从这个角度而言，藤田田的投资回报率显然是非常高的。

虽然我们未必是上司，但是生活中也难免需要与形形色色的人打交道。面对不同的人际关系，我们可以有针对性地进行感情投资，这样才能在需要的时候得到他人心甘情愿的回报和慷慨相助。需要注意的是，感情投资的方式是多种多样的，只要我们多多用心，总能够找到合适的方式与他人沟通感情，加深感情。

与其改变别人，莫如变通自己

常言道，江山易改，禀性难移。对于任何人而言，改变都是非常困难的，尤其是当被迫改变时，因为心底里油然而生的抵触感，会使得改变更加难以顺利进行。偏偏有些人特别喜欢改造他人，他们总觉得自己的一切都是对的，而他人不管说什么做什么都是错的。为此，他们总是对他人看不惯，动辄就挑剔他人的错误和毛病，甚至对他人颐指气使。面对他人的不配合，他们又觉得很难受，甚至为此与他人反目成仇。殊不知，改变他人的效率往往事倍功半，改变自己的效率则是事半功倍。我们与其花费宝贵的时间与他人做斗争，还不如从改变自己开始，让自己适应这个世界，或者适应偏执顽固的他人。其实，人世间的很多事情并非需要坚持原则，也并不是对错分明的。人们不管是做人还是做事，总有自己的初衷和考虑。假如我们能够敞开心胸接纳他人，也就能够更加积极主动地改变自己，从而彻底避免问题被激化，也能够更好地解决问题。

在企图改变他人时，你首先应该扪心自问：我愿意改变自己吗？我愿意放弃自己的原则与他人保持一致和统一吗？假如你给出的答案是否定的，那么你就应该推己及人，意识到他人也和你一样不愿意改变自己，委曲求全。既然改变别人的企图永远不可能成功，我们为何还要白费力气呢？改变自己则完全不同，因为改变自己是在慎重思考之后主动做出的决定，所以我们完全可以做到平心静气，心甘情愿。众所周知，没有人愿意被他人强迫着做出改变，但是心甘情愿的改变则不同，这完全是我们乐意的，因而效果也就更好，效率也会成倍增长。

从本质上来说，企图改变他人原本就是不对的。首先，我们并不比别人更聪明，我们的很多观点也完全是出于自身的考虑，因而带有强烈的主观性。其次，我们既然不是别人，也就无法真正设身处地为他人着想，更不可能理解他人，既然如此，我们就应该努力宽容地对待他人，发自内心地接纳他人。最后，我们的想法不比他人的想法更有价值、更正确，尤其是在我们与他人利益有冲突的情况下，作为利己主义的每个人都会从自己的利益出发，根本不可能做到真正地为他人考虑。既然如此，我们就应该坦然接受他人的决定和选择，而没有任何权利反对那些并未对我们造成伤害的决议。

自从结婚以后，因为来自四川的夏娜喜欢吃辣，来自上海的马云喜欢吃甜味的食物，所以夫妻二人在饮食问题上发生了很多次争吵。每次吵架，夏娜都会气愤地说："你们男人都是大骗子，你还说要照顾我一辈子，现在为了我把饭菜做得可口都不愿意！"马云呢，也感到很委屈，像个孩子一样愤愤不平地说："你不也说爱我吗！难道你不知道我一点辣都不能吃，菜不辣你可以吃，菜辣了我根本不能入口，那你不是想把我饿死，怎么会故意把饭菜做得这么辣呢？"就这么点小问题，他们翻来覆去地吵架，最终夏娜一气之下回了娘家。

当妈妈得知夏娜和马云吵架的缘由后，不由得啼笑皆非。她批评夏娜："马云说得有道理啊，菜辣了他根本不能吃，但是菜味道淡了，你可以蘸着辣椒吃，也一样美味，为何非要把饭菜做得那么辣呢！”妈妈的一席话解开了夏娜的心结，毕竟一日三餐，马云不可能顿顿面包牛奶凑合。当她回到的家之后，把饭菜做成了上海的味道，而为自己准备了一瓶辣酱。马云呢，偶尔做饭的时候也会准备一瓶泡椒，尽量把菜做得香辣可口，符合夏娜的口味。他自己呢，则准备一碗冰水，把又香又辣的菜放在冰水里涮一涮再吃。就这样，夏娜和马云的矛盾不复存在了，相反他们都从对方的改变中感受到了深深的爱意，夫妻之间的感情也越来越好了。

在这个事例中，假如夏娜和马云一味地要求对方为了自己改变，必然会遭遇对方的抵触，导致夫妻关系因为这个小问题引发大矛盾，变得越来越生疏和疏远。如此一来，可谓得不偿失。幸好夏娜妈妈一语惊醒梦中人，教导夏娜首先做出让步，从改变自己开始，最终也改善了夫妻关系，让彼此间的爱越来越深厚，越来越和谐。这样的包容、理解和让步，才是夫妻之间真正的相处之道。

不管是在生活中还是在工作中，当我们与他人相处的时候，一旦遇到不开心的事情，首先应该从自身出发寻找问题的所在，这样才是积极地解决问题的态度。否则，如果我们一味地指责他人，把所有的责任都推到他人身上，同时强迫他人改变，就一定会导致人际关系恶化，最终非但对方没有任何改变，甚至还会彻底破坏人际关系，导致事与愿违，得不偿失。

好的第一印象，容易得到他人尊重

世界上最难的事情，就是接纳和包容他人。尤其是当我们并不能发自内心地喜爱和接纳他人时，包容和接受就会变得更难。人与人之间交往，尤其是陌生人之间，第一印象是非常重要的。当你不喜欢一个初次见面的陌生人时，你真的能够做到尊重他吗？不得不承认，人们很多情况下都是以貌取人的。所以说，第一印象很关键。

除了职场上，人们在寻找爱情的时候，尤其是当由他人牵线搭桥结识的情况下，第一印象也总是起到重要的决定作用。不过，对于我们自身而言，不管他人的表现如何，首先都应该尊重他人，才能得到他人的尊重。这就是心理学中的首因效应。

18世界末期，法国有很多年轻人都心怀壮志，希望能够如愿以偿地考入炮兵学校，改变自己的人生命运。要知道，只要被这所学校录取，人生似乎就马上变得完全不同，大多数进入该所学校的人，都取得了少尉军衔，受人敬仰，人生前景无限美好。为此，那一年有大概两百名年轻人一起报名，都希望得到这个千载难逢的好机会。当时，担任主考官的是数学家拉普拉斯。这大概两百名年轻人中，有相当多的年轻人都是纨绔子弟，一个个油头粉面，衣着光鲜。

考试正式开始之后，突然有人打开门，出现在门口。这个人其貌不扬，身材矮小，穿着破破烂烂的衣服，手里还拿着一根短小的木棍当拐杖，脚下拖拖拉拉穿着一双破鞋。拉普拉斯看到他之后非常惊讶，问："您好，您走错门了吧？"站在门口的人满面惭愧地说："我没有走错，这是炮兵学校的考场吧，我是考生。"他的话音刚落，在场的人全都哄然大笑起来，大家都等着这个其貌不扬的乡巴佬闹笑话，自找难看呢！乡巴佬低着头走进考场，找了个不起眼的角落坐下来。最终，等到在场的纨绔子弟都考完之后，拉普拉斯才点名让这个"乡巴佬"参加考试。看得出来，拉普拉斯非常尊重这个乡巴佬，丝毫没有因为他卑微的模样小看他，而是非常耐心地向他提问。出乎拉普拉斯的预料，这个考生虽然看起来不起眼，但是非常有才华，对于拉普拉斯提出的任何问题他都对答如流，而且当拉普拉斯特意提出一些难度很大的问题考验他时，他也略加思考就回答出来了。最终，这个貌不惊人的"乡巴佬"取得了考试的第一名，后来在拉普拉斯的帮助下进入拿破仑的军队服役，战功赫赫，最终成为赫赫有名的将领。

在这个事例中，那个其貌不扬的"乡巴佬"之所以最终能够获得考试的第一名，还能进入拿破仑的军队服役，战功赫赫，就是因为拉普拉斯对他一视同仁，并没有因为那些纨绔子弟对他的轻视，就对他另眼相看。

任何时候，当我们不够了解一个人，也没有意识到那个人的价值和独特之处时，千万不要先入为主以貌取人，以一个人的表象就对其另眼看待，或者对其藐视、轻视。要知道，容貌只是人身体的一部分，最重要的永远是内在。我们只有从内在真正了解一个人，也发自内心地尊重他人，才能得到他人的尊重和回报。否则，如果先入为主否定他人，不仅会误解他人，也会使人与人之间的关系恶化。

多多赞许他人，努力提升自己

在现代社会中，人际关系已经成为头等难题，困扰着想要搞好人际关系、想要从人际关系中得益的人们。那么，如何才能处理好人际关系呢？除了要做到最基本的尊重、信任和理解之外，处理好人际关系也是有技巧的。例如，在与他人交往的过程中，我们可以多多赞许他人，抬高他人，从他人的优点出发，让他人的自尊心和自信心得到满足。在此过程中，我们也可以多多学习他人的优点，努力提升自己。如此一举两得，何乐而不为呢！

一个人最大的优点并非是不知道自己的优点，一个人最大的缺点却是没有自知之明，不知道自己的缺点。任何人想要获得进步，首先应该克服自身的缺点，补足自己的短板，然后再把优点发扬光大，从而取长补短，扬长避短。当然，要想更加快速地进步，我们还要多多发现别人的优点。生活中，那些进步神速的人无一不是善于学习他人优点的人，倘若一个人总是觉得自己处处都比别人强，不愿意和别人学习，而把别人看得一无是处，那么永远也无法获得进步。其实，在这个世界上根本就没有十全十美的人，我们应该学会接纳和包容他人的缺点，不要总把眼睛盯着他人的缺点看，而要更加关注他人的优点，虚心学习。很多时候，一个人的缺点里也会蕴藏着优点，因而与其把眼睛盯着他人的缺点看，不如更加努力地发现他人的优点，这样反而会对自身的提高起到积极的作用。

大学毕业之后，小雅和小梦一起进入公司。她们都是应届大学毕业生，因而起点完全相同。不过，在进入公司半年之后，小雅和小梦的差距越来越大。原来，小雅是一个非常积极上进的人，但却有一个缺点，即总是自以为是，不管谁都瞧不起，总觉得别人都不如她。为此，她仗着自己是名牌大学毕业，因而根本不把其他人放在眼里，即使公司里的老员工，她也觉得别人学历低，不如自己。为此，小雅虽然自身能力的确很强，而且工作表现也不错，但是却总是不招人待见，导致人缘很差。相比之下，小梦的人缘却很好。虽然小梦毕业的学校没有小雅的学校好，但是小梦特别谦虚。进入公司之后，她对于每一位前辈都特别尊重，即使对于小雅，也恭敬有加。有一次，小梦在上司面前说起小雅，说："领导，我真的觉得小雅特别优秀。您看，她不但名牌大学毕业，而且能力很强，工作上总是表现突出。我自叹不如啊，我必须好好向小雅学习，也努力提升自己。"后来，上司又问小雅对于小梦的评价，小雅却毫不客气地说："小梦啊，不得不说，她可真不像是个本科生。不但学历差，能力也不足，也就是个打杂的材料，无法委以重任。"经过这两次谈话之后，上司对于小雅和小梦有了自己的判断，他不再重用小雅，而更加器重小梦。上司认为，一个自以为是的人是不可能取得进步的。

上述事例中，小梦总是看到他人的优点，因而能够把他人视为自己的榜样，主动提升自己。小雅呢，虽然学历很高，能力很强，但是她却自以为是。她的眼睛里看不到他人的优点，自然也就不会主动地学习他人，提升自己。上司无疑慧眼识人，马上意识到小梦的前途不可限量，而小雅必然受到自以为是的局限。因而，上司做出了正确的抉择。

一个杯子如果自以为满了，是无论如何再也装不进其他东西的。一个杯子唯有空着，才能装进去东西。这也就像是人的心态。假如一个人总觉得自己无所不能，必然不会潜心下来提升自我。相反，假如一个人觉得自己还有很多东西需要学习，还有很大的空间可以提升，那么他才有进步的动力。生活中，要想与他人搞好关系，我们不如更多地看到他人的优点，从而多多赞许他人，努力提升自己，这样才能不断进步，勇往直前。

与敌人结盟，使自己力量倍增

在生活中，我们最怕遇到强劲的对手，因为很有可能败下阵来导致面子难看。不过，从长远的角度来看，我们自身要想得到提高，还是应该拥有强劲的对手，这样才能不断提升自己的能力。记得曾经有人说，要想看一个人的实力，就看他的敌人。这句话告诉我们，敌人最好地体现出我们的实力。因而，我们应该与自己的敌人惺惺相惜，而不是与自己的敌人水火不容。

在大多数情况下，我们与敌人都是竞争和对立的关系。如果我们感受到敌人的威胁，最好的办法不是与敌人更加对立，而是把敌人拉入自己的队伍中，把敌人的力量团结起来。如此强强联合，自然会使我们的力量成倍增长。

为了使展览中心更加富于创意，北京的一家大型展览公司面向全国的咨询公司公开招标，征求好创意。当时，很多咨询公司都闻讯赶来参加招标，其中有一家在全世界范围内都赫赫有名的咨询公司最具实力，因而财大气粗，根本不把其他那些小公司放在眼里。当时，北京本地的一家小型创意公司也参加了这次招标。面对实力强大的对手，这家公司的老板——一个年轻人很有才华，因而显得淡定自若。原来，他对于如何竞标成功已经胸有成竹了。年轻的老板知道自己实力不足以与国际公司抗衡，因而主动联系了那家国际公司的负责人。然而，不等他把想法说出来，国际公司的经理就毫不客气地表示了拒绝，说："我们公司从不与小公司合作，谢谢你的好意。"年轻老板仍然心存希望，说："我们能否见面谈谈呢，我是很有诚意的。"不想，对方依然坚决拒绝了。

这样坚决的拒绝，恰恰激发了年轻老板的好胜心。他作为一个竞争者，一定要努力到最后时刻，绝不放弃。经过了公司全体员工的奋力拼搏，他们最终拿出了一个近乎完美的展览创意。最终，年轻老板带着完美的标书取得了胜利，彻底战胜了国际公司。

在这个事例中，国际公司的经理显然有些过于自信了，他们瞧不起小公司，拒绝了小公司的请求。为此，他们错失了千载难逢的好机会，最终反而被这个不服输的小老板战胜了。其实，倘若当初国际公司能够意识到这家小公司也是很有实力的，从而把这个最强劲的对手联合起来，那么他们的力量就会马上成倍增长，获胜也就是十拿九稳的事情了。

很多时候，人们或者因为嫉妒，或者因为狭隘，最终与能够成为合作伙伴的人失之交臂，由朋友成为敌人。殊不知，多个朋友多条路，多个朋友也多分力量。在这个世界上其实根本没有永远的敌人，而只有永远的利益。当利益一致的情况下，与其与人为敌，不如化敌为友，结合力量，使彼此都变得更加强大。

第17章　苦难是人生的必修课，真正的强者才能浴火重生

对于人生的困境和难以承受的磨难，大凡成功人士，都怀着安之若素的态度，积极地面对和接受。培根也说，奇迹大多都在厄运中出现。同样的，逆境中也蕴含着成功的机会和柳暗花明的契机。一个人的人生如果始终一帆风顺，必然无法应对生命的苦难。相反，只有经历过逆境，能够勇敢地怀抱着希望勇往直前，那么人生就会沉淀得更加厚重和丰盈，我们对于生命的领悟和理解也会更加深刻。

当一杯沸水，成就茶的舒展

对于强者而言，逆境就像是考验他们的难关，只要超越自我突破难关，人生也会随之舒展。对于弱者而言，逆境则像是迈不过去的坎，他们很容易就被逆境阻碍，人生似乎也随着陷入绝境，再无逆转的可能。由此可见，对于强者而言遭遇逆境是凤凰涅槃，对于弱者而言遭遇逆境则是死里逃生，只能苟延残喘。实际上，很多成功人士都是在遭遇逆境甚至是绝境之后才出类拔萃的，逆境能够磨炼人，也能使人生变得沉甸甸的。假如一个人想要磨炼自己的心智，让自己变得更加坚强，就应该坦然面对逆境，真诚拥抱和接纳逆境，这样才能让自己更加坦然从容。

尽管我们在生活中总是祝愿他人一帆风顺，实际上，顺境虽然能够让我们的人生更加充满坦途，但也未必全是正面的作用。在很多情况下，长久的顺遂会让人失去警惕，也因为安逸的生活环境让人变得较弱无比。偶尔的逆境让人们更加努力地面对生活，更加专注地迎接生活的挑战，因而人们各个方面的能力也就变得更突出，甚至心性和意志也得到很好的磨炼。如果你想要成为生活的强者，就需要逆境的磨炼。古人云，天将降大任于斯人也，必先苦其心志，

饿其筋骨，劳其体肤，说的就是这个道理。很多人在生活中都曾看过磨刀石，磨刀石正是通过摩擦，才使刀锋变得更加锋利。人生也恰恰需要逆境作为磨刀石，让自己变得更加坚韧不拔，更加从容不迫，更加百折不挠。

在奔向成功的路上，很多人刚开始时都兴致盎然，动力十足，也信心百倍。然而，一旦遭遇小小的挫折，马上就会变得垂头丧气，甚至根本无法继续坚定信心，勇往直前。毫无疑问，这样的人是不会得到成功的青睐的，唯有在挫折面前坚定不移的人，才能最终获得成功。如果说人生是一捧茶叶，我们应该成为沸水，让人生在沸水的亲昵之中缓缓舒展开来，成为一杯清香四溢的茶。否则，人生就会变得颓废。

很久以前，有个年轻人处处失意，不管做什么事情都非常坎坷，总是难以如愿以偿。为此，他不远千里去了普陀山的普济寺，想向得道高僧求教如何才能更好地活着。此时此刻，他已经万分沮丧，因而对高僧说："高僧，我一生之中从无顺遂，总是屡遭磨难。像我这样的人，活着还有什么意义呢？求大师指点迷津，帮助我更好地活着吧！"高僧仿佛入定一般，坐着一动不动，直到年轻人絮絮叨叨说完自己的烦恼，他才吩咐小和尚："施主远道而来，你拿一壶温水来给他沏茶吧。"很快，小和尚就拎着一壶温水走了过来。高僧在杯子里放入一些上好的茶叶，又把温水注入杯子，然后把茶水递给年轻人喝，问："尝尝这杯茶，看看香不香？"年轻人闻了闻，又喝了一口，说："这么好的茶叶，您却用温水冲，可惜了，一点都不香。"高僧笑了，说："你也知道茶叶必须用沸水冲，才能色香味俱全？"年轻人点点头，说："当然，茶叶必须用沸水啊！"

高僧吩咐小和尚，说："再去拿一壶沸水来。"小和尚领命而去，不一会儿就拿来一壶沸水。高僧又在一个空杯子里装入茶叶，然后缓缓注入沸水，茶叶清香的味道马上散发出来，满屋子都飘着香气。高僧又问："这杯茶味道如何？"年轻人笑着说："这壶茶香气扑鼻，让人闻之心旷神怡。"高僧又说："你看看杯子里的茶叶，在沸水里浮浮沉沉，不停地伸缩，才能释放出如此的清香。人生也是如此啊，面对重重挫折和磨难，唯有变成沸水，才能让这些茶叶舒展，释放出清香来。”年轻人看向杯子，果然如此，他心中释然。

人生就像用沸水冲泡茶叶，只有当茶叶在杯中沉沉浮浮，才能不断地释放香气，也真正实现自我的价值。很多人在一生之中，遇到坎坷挫折就会退缩，再也没有了勇往直前的勇气。在这种情况下，我们必须非常顽强地面对生活，让自己成为沸水，让那些苦难和挫折如同蜷缩的茶叶一样释放，才能让人生更加绚烂。

浮生若茶，每个人的人生都有形形色色的茶叶，无论如何，都必须把自己变成沸水，才能让人生更加充盈。否则，如果我们退退缩缩，人生也就无法一次次地释放清香，绽放香气。

人生，就是一次又一次的自我超越

每当炎热的夏季到来，孩子们总会在地上找到很多蝉蜕下来的皮。其实，不仅是蝉，自然界中的很多生物都要经历一次次蜕皮，才能更加快速地成长。例如蛇，例如金秋十月人们最爱吃的大闸蟹，都要经过蜕皮，才能不断成长。实际上，对于任何动物而言蜕皮都是艰难的过程，也充满了危险。但是如果不蜕皮，又会因为被已经又窄又小的皮禁锢住，最终导致无法成长，最终结束生命。和蜕皮的危险相比，生命显然更加弥足珍贵，因而生物依然义无反顾地蜕皮。人的皮肤是具有无限弹性的，可以根据人的生长情况不停地生长，所以人不用蜕皮。但是这仅仅是从生理的角度而言，如果从心理的角度来看，人也同样需要蜕皮。从小到大，人的精神不断地发生蜕变，随着身体的渐渐发育，人的心理世界也逐渐成熟。随着人生的推进，人们也面对越来越多的困难和挑战，因而总是需要不停地历练自己。也许昨日你还不曾能力所及的事情，今天你就不得不硬着头皮超越自己的极限，竭尽全力地提升自己，让自己不断进步，勇往直前。

从本质上来说，人生就是一次又一次超越。人在超越的过程中不断成长，也在超越的过程中发现自己的不足，从而不断弥补自身的缺点和短处，帮助自己更好地成长。没有人的人生是一帆风顺的，每个人在一生之中都难免遇到很多突发的意外，也许当时会因为这些难题感到万分担忧，但是事后回想起来，自己却因为得到了历练，而使得人生更加丰盈厚重。人生之魅力正在于其无法预知。虽然我们知道未来的人生必然面临坎坷和挫折，但是也没有必要为此杞人忧天。该来的总是要来的，兵来将挡，水来土掩，人生才能更加从容不迫。

1990年，孟非在高考之中因为数理化三科的成绩拖累，文科成绩仅次于江苏省文科状元的孟非，居然落榜了。他原本准备复读，不想复读的学校看到他的数理化成绩都不愿意接收他，因而他不得不背起行囊去深圳打工。出乎他的预料，深圳并非遍地是黄金。他一连找工作十几天，都毫无结果。眼看着口袋里的钱就要花完了，无奈之下，孟非只得去当搬运工，每天风餐露宿，朝不保夕，还经常被工头责骂。如此一周的时间过去了，孟非扪心自问："我难道一辈子都要这么生活吗？"在懊恼之中，他无比怀念当初在学校的生活，也深深意识到只有知识才能改变命运。为此，孟非果断离开深圳，回到南京，参加了成人高考。他先是参加了南京师范大学的中文专科函授班，一边工作，一边学习。在顺利拿下专科文凭之后，他得知江苏电视台文艺部体育组需要招聘一名接待员，因而抓住这个千载难逢的机会，毫不犹豫地去面试、应聘。因为接待员主要从事勤杂工作，所以身强体壮的孟非很快就被录用了。在一年多的时间里，他一直做着默默无闻的工作，但他根本不甘心自己的一辈子就在端茶倒水中度过。他给自己定了一个目标，成为记者。从此之后，他每天都早出晚归，借助各种机会和台里的记者套近乎，还主动帮助很多老记者扛摄像机。尽管很多临时工看到孟非忙前忙后，都嘲笑他傻，但是他从未放弃努力。记者们对勤快的孟非印象很好，也都非常愿意教他。渐渐地，有些老记者把一些瞧不上眼的小新闻交给孟非去做，做好之后署上老记者的名字。虽然没有任何功名成就，孟非却对此乐此不疲。后来，孟非渐渐开始署自己的名字，也偶尔出现在电视上。这时，领导慧眼识珠，居然破格同意孟非正式开始跑新闻。由于工作压力大，也因为孟非一心想要做出点儿名堂来，所以他经常透支身体，通宵达旦地工作。渐渐地，他的工作能力得到领导的认可，领导开始把一些重要的题材交给他负责。就这样，孟非成为了一名真正的记者。因为工作劳碌，他的头发开始脱落，他索性剃光了头，成就了自己独特的形象。如今的孟非已非当日可比，他不但成为南京电视台的当家主持人，而且还把《非诚勿扰》办得风生水起，红遍了世界各地。

如今在南京，提起孟非定是无人不知，无人不晓。即便是在世界范围内，提起《非诚勿扰》，也很有名气。孟非从一个高考落榜的打工者，到今日成为南京卫视的当家主持人，期间无疑经历了很多辛苦和劳累。但是他在困难面前从未放弃，而是一步一个台阶，不断地激励自己进步，也帮助自己赢得了成功的人生。

人生不如意十之八九，在任何情况下，我们都要坦然面对人生的坎坷挫折和磨难，这样才能战胜困难，超越自己，也收获美好人生。

坦然接受逆境，才能成功战胜逆境

人生中，既有顺境，也有逆境。一个人不可能永远一帆风顺，遇到的都是顺境，恰恰相反，人生不如意十之八九，人生中总是经常遭遇逆境。所谓逆水行舟，不进则退，在遭遇逆境的时候，我们更应该扬起信心的风帆，微笑以对，不到最后时刻决不放弃。唯有怀着这样坚定不移的信念，唯有脸上始终挂着微笑，我们才能成功战胜逆境，收获快乐和幸福。

有些人视逆境为洪水猛兽，一旦生活中露出任何苗头即将遭遇坎坷，他们都会胆战心惊，甚至吓得转身仓皇而逃。殊不知，那些成功人士无一不是战胜了生活的逆境之后，才取得成功的。生活就像一面镜子，当我们对着它哭，它也会以哭脸对待我们。相反，假如我们能够对着它笑，它便也会笑脸相待。由此可见，不管我们从命运之中得到的是馈赠还是捉弄，也不管我们从生活中得到的是顺遂还是坎坷，面对生活的镜子，我们都必须面带微笑，坦然以对。常常有人在无计可施的时候歇斯底里，殊不知，对于一个歇斯底里的弱者，命运往往会更加残酷。

自从退休之后，桑德斯上校就失去了经济来源，除了微薄的退休金之外，他只有一家位于高速公路旁的小饭馆。不过这家饭馆虽然规模很小，但是因为口味与众不同，因而得到了很多顾客的忠实追捧。其中，饭店里最受人欢迎的菜就是炸鸡。这道菜是桑德斯上校自己研发出来的，他拥有秘制配方和调料，有很多顾客都是慕名而来。为此，虽然不是特别富有，但是桑德斯上校的生活还是很富裕的。然而，高速公路突然要改道，那些平日里经常路过来吃炸鸡的客户都无法继续光顾了，因此饭店的生意也突然间冷清起来，几乎每天都门可罗雀。无奈之下，桑德斯上校只好关掉饭店，为了维持生存，他决定出售炸鸡的炸鸡配方。

然而，桑德斯上校去了很多大饭店推荐自己的炸鸡配方，都被拒之门外。那些人还会嘲笑他，说他仅凭一个配方就想发财，简直是痴心妄想。毫无疑问，没有任何人愿意被嘲笑，尤其是一个老人。不过，桑德斯上校并没有因此被激怒，更没有放弃自己的想法。他开着自己破旧的老爷车走遍了全国各地，为了节省开销，从来都是吃住在车上。在被拒绝了1009次之后，桑德斯上校的炸鸡配方终于推销出去了，从此之后，世界各地就有了桑德斯上校微笑着的头像。

毫无疑问，肯德基的连锁已经成为全世界的传奇。如今，世界各国的人们都对香喷喷的炸鸡情有独钟，桑德斯上校也终于实现了自己人生的梦想。随着肯德基的连锁店开遍世界，肯德基爷爷的形象也深入人心。假如不是桑德斯上校永不放弃的顽强毅力，也许在遭受十几次或者几十次拒绝之后，他就会彻底放弃了。那么不但他无法实现自己的梦想，世界各地的人们也都无缘吃到美味的炸鸡。

每个人在生活中都会遭遇逆境，面对逆境，只要我们坚持不懈，永不放弃，就一定能够获取最大的成功。所谓强者，无非就是在逆境中不放弃、不抱怨，依然不改初心勇往直前的人。所谓弱者，大多数是一旦遭遇逆境就畏缩不前的。朋友们，热情拥抱逆境吧，你最终会发现逆境能够使你拥有钢铁般的意志，这对于你的人生将是大有好处的。

超越自己，才能无往不胜

对于每个人而言，最大的囚牢在哪里？难道一间房子就能限制住我们的自由吗？其实不然。即便身陷囚笼，追求自我的人依然能够享有心灵的自由，他们的心就像张开了翅膀的雄鹰，总能够在天空中自由地翱翔，因为他们的心从未被禁锢住。由此可以看出，对于每个人而言，最大的敌人就是自己，最大的囚牢也就在于自我的内心。假如人心崇尚自由永不放弃，就没有人能够禁锢住这颗心灵。

每个人都渴望自己的人生无比辉煌，也都想要在人生之中获得成功。有些人觉得成功很容易，有些人则觉得成功距离自己很遥远。实际上，成功说难也难，说容易也很容易，因为通往成功的巅峰就在我们的心中。只要我们能跨越心中的高山，成功就会到来。当然，人最大的敌人也是自己。当一个人不遗余力地与自己博弈时，往往会感到撕心裂肺的伤痛。毕竟，人最了解自己，也对自己最陌生，这就注定了人与自己的博弈最惊心动魄，感天动地。面对我们内心深处的敌人，我们必须时刻提醒自己保持警醒的心，保持积极向上的人生态度。这样当我们内心深处的敌人想要我们退缩的时候，我们才能更加积极主动地战胜自我，勇往直前。就像海明威笔下《老人与海》中的桑迪亚哥一样，他虽然年纪大了，但是却孤身一人在深海里与鲨鱼搏斗了很久，最终拖着大马哈鱼的骨架子回到了岸边。从他的身上，我们不难看到绝不屈服的决心和勇气。正如他所说，一个人尽可以被打倒，但就是不会被打败。不得不说，桑迪亚哥正是因为战胜了自己内心的悲哀和恐惧，才能神勇无比，永不言败。

在美国，有一位德行高尚的绅士，叫彼得。彼得常常以身作则，以自己高尚勇敢的言行成为他人的表率。有一天，彼得正在街道上散步，突然听到街边传来一个人伤心欲绝的哭声。他定睛一看，原来是个乞丐正在放声大哭。彼得蹲在乞丐面前，问："你怎么在路边哭呢？"乞丐伤心不已，哽咽着说："我失去了父母，孤独地生活在这个世界上。前几天，我的家又被盗贼洗劫一空，还放了把火烧掉了。现在，我成了无家可归的流浪人，不得不依靠乞讨为生，还要经常被人欺负，还被狗咬呢！"乞丐话音刚落，果然有几条流浪狗朝他们飞奔过来。这些流浪狗穷凶极恶，看起来来者不善。它们狠狠咬住彼得的裤脚，不停地撕扯着，不愿意放开。这时，乞丐吓得瑟瑟发抖，彼得却从容地从衣袋里拿出一面镜子，放在狗的面前。狗不知道镜子为何物，对着镜子狂吠不止，最终它们被自己的模样吓到了，不得不夹着尾巴胆战心惊地逃跑了。乞丐看到这一幕，突然间心领神会地笑了。彼得呢，收起镜子，带着高深莫测的神情，缓缓踱步离开了。

不久之后，乞丐给自己重新找到了安身之所，而且还在大片的土地上种植花草树木。最终，他成为大名鼎鼎的花卉大王，人生从此掀开了新篇章。当有人问他如何能够从乞丐变成富豪时，他也高深莫测地说："在我最绝望的时候，一位品行高尚的人告诉我，不要成为被镜子里的自己吓跑的狗，使我明白一个道理：只要战胜自己，我就能无往不胜！"

故事里，彼得为了让乞丐参透道理，用镜子吓跑了狂吠的狗，最终使乞丐意识到，很多时候是我们自己禁锢了自己，而并非恶劣的外界环境。只要我们的心长出翅膀，不管我们的身体如何，它都能展翅翱翔。因而，乞丐才能摆脱绝望，开始满怀信心地创造属于自己的新生活。

朋友们，你们在生活中是否也常常被自己限制住呢！从现在开始，让我们更加努力地认识自己，打开自己的心扉，从而彻底解放自己吧。当你超越自己，你就会发现世界原来海阔天空，机会原来无处不在，你一定会对生活有完全不同的感悟！

心若在，梦就在，人生才能充满希望

人生中，总是既有顺境也有逆境。一个人运气再好，也不可能始终处于顺境，一个人即使运气再坏，也不可能永远处于逆境。顺境和逆境，总是以一定的交替方式出现在我们的人生之中，每个人只有在顺境之中不骄傲，在逆境之中不气馁，才能从容迈过人生的沟沟坎坎，帮助自己享有美好的人生。

很多人一旦遭遇逆境，就会彻底绝望，甚至还没有被逆境打倒之前，就先自己把自己吓怕了，因而彻底绝望了。这样的人根本不会拥有成功的人生，等待他们的只有失望、沮丧和绝望。相反，那些心中永远怀有希望的人，即使遭遇了人生的低谷，也依然能够鼓起勇气面对人生的诸多刁难。他们就像打不死的小强，只要一息尚存，就永不放弃努力。记住，在绝望的人眼中，逆境就像是难以逾越的海洋，而在积极乐观的人眼中，逆境就像是一道小小的沟壑，也许轻轻一跃就能跳过去。归根结底，希望还是存在于人的心里，只要希望在，梦才在，人也才能满怀信心地活着。

当然，人的本性就是畏难。面对艰难险阻，人们难免会产生畏惧的心理，甚至感到无能为力。正如一位名人所说，人的先天条件其实相差无几，那些成功的人之所以能够成功，就是因为他们多了几分坚持，多了几分无畏。畏惧逆境总会使人走向平庸，强者和弱者的区别就在于能够坦然面对人生的逆境，并且从容地应对逆境。很多时候，当人生处于逆境时，也恰恰是在艰难的抉择时刻。我们就像站在十字路口，根本不知道自己应该何去何从。记住，看上去金光闪闪的大道未必适合你，而更多的情况下，只有适合自己的道路才是最好的，也才能促使你拥有成功的人生。

面对逆境，千万不要缴械投降，没到最后关头，谁也不知道结局将会是怎样的。正如刘欢的歌里所唱的，心若在，梦就在，我们也要说，心若在，梦就在，人生的希望就在。

安徒生很小就失去了父亲，与母亲相依为命。母子俩的生活非常艰难，常常陷入困窘之中。有一天，安徒生和小伙伴们受邀去皇宫拜见王子，以求得赏赐。安徒生小小的心里充满了希望，他唱着歌儿，还满怀激情地诵读剧本。等到安徒生表演结束后，王子亲切地问："小朋友，请问我能帮你什么呢？"安徒生毫不迟疑地说："我想创作剧本，在皇家剧院里演出我的剧本。"

看着眼前这个眼神忧郁、大鼻头的男孩，王子不由得觉得好笑，说："你可知道创作剧本比朗诵剧本难多了呢！我觉得你最好还是去学一样手艺，以后也能勉强混口饭吃！"安徒生虽然把王子的话听在耳朵里，心中却觉得不以为然。回到家里之后，他拿出所有积蓄，和妈妈告别之后，就独身一人去了哥本哈根，他决定要追求自己的梦想。

在哥本哈根，无依无靠的安徒生流浪了很久，一直都在试图得到贵族的帮助。虽然遭受到无数次拒绝，但是他从未退缩。他坚持创作，不但写爱情小说，还会创作激情澎湃的史诗，这一切都未能使他得到人们的关注。虽然安徒生很悲伤，但是仍不放弃希望。他继续笔不辍耕地写着，直到1835年，他的几篇童话故事突然引起巨大的反响，得到了很多儿童的喜爱。那一年，30岁的安徒生终于看到了希望的曙光。从此之后，他一发而不可收拾，创作了很多经典的童话故事，得到了世界各国儿童的喜爱。

安徒生的经历告诉我们，在任何时候，只要认准了一件事情，我们就要坚定不移地去做。尤其是在遭受坎坷和挫折的时候，更不应该放弃。假如安徒生在王子劝说他学习手艺时就放弃梦想，那么世界上就会少了一个伟大的童话作家，孩子们也就少了那些脍炙人口的童话故事陪伴成长。

朋友们，人生之中既有宽阔的大路，也有崎岖的小路。在任何时候，不管我们走的是阳关大道，还是泥泞小道，我们都应该牢记自己的梦想和人生的方向，向着既定的目标不懈前进。记住，成功永远属于心中有希望的人！

相信自己，一定可以战胜挫折

真正的强者，从来不会怀疑自己的能力。他们很清楚自己的缺点和不足，因而能够做到取长补短，扬长避短，从而提升自我、完善自我，使自己变得更加强大。相反，那些处处怀疑自我，否定自我的人，则因为缺乏必要的自信心，因而在挫折面前总是垂头丧气，自暴自弃。其实，人生之中自信的作用无比强大，能够使人们对于自己满怀信心，因而也就不把艰难险阻放在心上。古人云，一鼓作气，再而衰，三而竭。我们必须一鼓作气，才能在人生之中找到成功的道路，从而战胜自我，超越自我。

从很大程度上，人们容易受到心境的影响。假如我们觉得自己不行，就会处处猥琐怯懦，也无法鼓起勇气面对他人的质疑。相反，那些内心满怀自信的人总是能够散发出强大的气场，他们无所畏惧，坚定不移地相信自己无所不能，因而也就能够义无反顾地走好人生之路。毋庸置疑，每个人都会遇到挫折，可以说这是每个人的人生必修课。面对挫折，最重要的就是保持镇定，我们唯有坦然面对挫折，发自内心地认可和接受挫折的存在，挫折才会最终被我们打败。贝多芬的《命运》交响曲，无疑就是人们与挫折之间惊心动魄的战斗。用心地听这首曲子，我们似乎见到贝多芬正在扼住命运的喉咙，与命运搏斗。贝多芬之所以能够创造出如此打动人心、悲壮有力的音乐，就是因为他本人命运坎坷，一生命运多舛。年少时，贝多芬就在不和睦的家庭氛围中长大，而且还经常被贫困困扰。长大后，他差点儿因为伤寒和天花丧命，后来又在创作的鼎盛期失去了听力。对于一个靠听力创作的人而言，这无疑是致命的打击。但是贝多芬没有向命运屈服，而是发誓一定要战胜命运。正是因为他这种不向命运屈服的精神，才能给世人留下如同璀璨珠宝般闪耀的音乐作品。虽然我们没有贝多芬那样的音乐才华，但是作为普通人，在人生之中依然难免遭遇坎坷挫折，我们必须坚定不移地相信自己，与厄运搏斗，才能收获精彩的人生。

几年前的春晚，让全国的观众都记住了刘谦的名字。早在七岁那年，刘谦就开始对魔术表现出浓郁的兴趣，他甚至还慷慨大方地拿出零花钱，为自己买下了人生中的第一个魔术道具——空中来钱。从此之后，他经常偷偷练习魔术，甚至上课的时候也不例外。有一次，刘谦正在课堂上偷偷练习“空中来钱”，却因为一着不慎，导致硬币滚到了老师脚边。老师很生气，当场没收了他的硬币，刘谦却勇敢地告诉老师和同学们：“我以后要成为魔术师。”包括老师在内，全班的人都在嘲笑他，因为他们觉得他的梦想简直不可能实现。对于一个小男孩而言，遭遇这样的嘲讽简直是不可承受的。让他更伤心的是，父亲对于他想要成为魔术师的梦想也毫不支持，父亲甚至为了阻止他，还不止一次地打骂他。顶着重重压力，刘谦从未放弃成为魔术师的梦想。一天，他觉得自己的魔术已经练到炉火纯青的地步，因而站在讲台上向全班同学宣布自己将会成为一名魔术师。最终，他在同学们的挖苦和嘲笑中熟练地完成了魔术表演，使整个学校都为之震惊。

从此之后，刘谦对于魔术更加痴迷，有一次他在家里进行化学实验，差点把家都点燃了。就这样，刘谦勤学苦练，从不懈怠。十二岁那年，刘谦第一次获得了魔术界的奖项，这对他是极大的鼓舞。从此以后，父母才意识到他的确在魔术方面具有才华，因而改变态度，来支持他学习魔术。大三那年，刘谦刚刚二十二岁，就在国际魔术比赛中获得了亚军。此后，他接连在魔术大赛上夺得冠军，直到在前几年的春节晚会上在全国观众面前表演，他终于实现了自己的梦想，成为了一名真正的魔术大师。

刘谦在实现梦想的过程中遭遇了很多坎坷和挫折，先是同学们和老师的嘲笑，接下来又是父母的百般阻挠。不过这一切都没有让刘谦退缩，他依然坚定不移地坚持自己的梦想——成为魔术师。刘谦为何能够取得成功呢？就是因为他在追求梦想的道路上始终充满自信，始终相信自己终有一天能够实现梦想，所以他才能持之以恒地付出和努力，最终梦想成真。

自信，永远是我们面对世界的力量。朋友们，从现在开始一定更要相信自己，因为如果连你自己都不相信自己，那么还有谁愿意相信你呢？拥有自信的人就像具有独特的魅力一样，总是能够征服身边的人，也得到他们的信任。

第18章　宠辱不惊，闲看庭前花开花落

人生就像一首跌宕起伏的钢琴曲，既有绚烂的高潮，也有无声的落寞。人生之中，我们常常被众人环绕，也有可能遭遇抛弃，变得孤身一人。尤其是有权有势的人，在权势散尽之后，对此更加感慨颇深。那么，如何才能一直拥有幸福的人生呢？那就是宠辱不惊，闲看庭前花开花落，去留无意，漫随天外云卷云舒。只有耐得住寂寞的人，才能享受人生的繁华，也才能繁华散去回归生活的本真。

孤独是一首歌，你要成为独唱者

画家在作水墨画的时候，总会适当留白。不懂的人觉得空白着太可惜的，懂的人才能读懂那份寂寞的意味。假如一幅水墨画密密麻麻全被画满了，一定会韵味全无，也无法博得知音的赏识和喜爱。在熙熙攘攘的人海之中，你可曾感受过自己的寂寞？很多时候，我们无法面对自己的寂寞，因为害怕孤独。殊不知，孤独是一首无声的歌。假如你懂得其中的韵味，自然能够成为怡然自乐的独唱者。否则你就会被孤单死死缠绕，甚至觉得无法喘息。

有的人说孤独是喧嚣之后的沉默，有的人说孤独只是个人的一种心境，还有的人说孤独是无言的寂寞，是一种深刻的悲哀。其实，从本质上来说，孤独是一种心境，是人们对于当时当刻最深刻的感受和领悟。现代社会，人们的生活节奏和工作压力越来越大，故很少有人能够真正地享受孤独了。也因为习惯了喧嚣烦扰的世界，人们也变得很害怕独处，害怕面对自己的内心。真正的智者，会让自己从忙碌之中休闲下来，从喧嚣之中安静下来。只有当这个世界都变得安静了，我们才能坦然面对自己的心灵深处，进行一次真正的自我跋涉。

和与朋友欢声笑语相比，孤独更是一种难得的乐趣。喜欢独处的人往往越

是置身于人群之中越觉得孤独寂寞，恰恰是因为他们失去了孤独的乐趣。朋友们，当你感到孤独时，千万不要随意打断自己的沉默和无言。不如就让孤独包围我们吧，你会发现自己就像曾经在母亲的子宫里一样自由闲适，丝毫不觉得无聊和空虚。

当黎明的曙光还未到来，你一个人静静地站在一片漆黑的窗前，看着远处群山模糊的轮廓，遥望着街道上斑驳的灯光，此时此刻你并不孤独；在满天繁星的暗夜，你站在半空中的落地窗前，手中端着一杯红酒，遥敬天空中皎洁的月亮，你也不会觉得孤独寂寞。此时此刻，宁静将你包围，你沉浸在独处的快乐之中，你享受这份孤独，并且不以孤独为苦。很多时候，孤独并非寂寞的代名词，即使置身于喧嚣的人群之中，你也有可能很寂寞。因为，你需要的是能够与你心灵相交的朋友，而不仅是僵硬地挂在脸上的微笑，或者是人与人之间言不由衷的话！

很多时候，孤独自有一股清凉的意味。打个比方，孤独就像是一杯冰水，那么纯净，毫无杂质，那么冰灵，就像是具有了生命一般。孤独又像是皎洁的白雪，它们从天空中飘飞而下，就像宇宙间的小精灵，带给大地生机勃勃。朋友们，当你感受到孤独的存在时，千万不要急于打破这份宁静。孤独的时间是那么珍贵，简直一分一秒都万分难得。孤独的你是这么安静，静得能够听到自己心跳的声音。与其抗拒孤独，不如坦然享受这份孤独吧。正因为这份孤独的存在，我们才能在每一个雪花飘飞的日子里，感受到发自内心的温暖和安宁！

独处，让你更能领略自己的风采

一花一世界，一叶一菩提，一个人就是一个宇宙。如果你此时此刻还没有了解自己的小宇宙，那么你应该经常独处，才能反省自身。独处不但是一种境界，是一种洒脱的心态，更是一种来自心底的从容和笃定。一个人如果没有强大的气场，往往很难从独处中发现乐趣。他们喜欢喧嚣的世界，害怕面对自己虚弱的内心。独处者则完全不同，他们万分珍惜独处的机会，也恰巧可以利用这个机会反思自身，洞察自我。

朋友们，在能够独立生活且没有家庭负累之前，好好享受独处的乐趣吧。你们是多么富有啊，因为你们可以随心所欲地自己待着，而丝毫不用考虑他人的需要和感受。这样一份洒脱、从容和自由，也许很快就会一去不返。心灵就这样渐渐荒芜，变得杂草丛生，空虚无比。

在通常情况下，喜欢独处的人大多拥有充实的心灵。他们即使面对自己也不觉得寂寞，对于生活的感受和体验都是细致入微的，生活的经验也是非常丰厚与充实的。独处的时候，我们不但可以静心凝思，也可以拿起笔来书写自己的情绪和感受，还可以提笔作画，或者独酌一杯红酒。总而言之，一个人如果不会独处，内心必然空虚乏味。大多数喜欢独处的人，都能够从独处中自得其乐，这样的人因为善于与自己交往，因而从不会迷失自我，更不会忘却初心。

每个人都需要学会独处，因为独处是人们的生存之道。也许有人会说，现代社会中人际关系才是至关重要，可没有与自己相处这一条。假如你这么想，那就大错特错了。试问，如果一个人连与自己都相处不好，又如何与脾气秉性、成长背景和教育经历、生活经验等都不相同的他人相处呢！如果说人与人之间的交往需要坦诚相待，那么独处时就更需要以真诚作为基础。在任何情况下，我们都必须不遗余力地深入了解自己，探索自己的内心世界，才能更加把握自己的内心，从而与他人更好地交往。由此可见，独处不但事关我们的心灵，也与我们的人际关系密切相关。

在独处的过程中，与其放弃自我的欲望，不如坦然面对欲望，梳理自己的欲望，这样才能不至于因为压抑欲望，而导致自己迷失本性。人，既有天生的美好和善良，也有天生的邪恶和缺憾，我们只有坦然面对自身，才能接纳整个世界。朋友们，如果你最近觉得很累，或者觉得心神涣散，不如找个时间面对自己吧！也许，你会发现面对自己得到的远远比面对这个世界得到的更多！

耐得住寂寞，才能经得起繁华

没有人喜欢寂寞，寂寞就像是一堵沉重的墙，压抑得人们喘不过气来。越是与寂寞对抗，寂寞就越像一个魔咒，紧紧地箍在我们的心头上，让我们失眠心悸，无法面对自己的内心。其实，寂寞并非我们想象中那么可怕。只要我们摆正心态，不与寂寞对抗，寂寞也就会变得更加平和，而不至于地想要置我们于死地。就像失眠一样，失眠其实也是一种形式的寂寞，当整个世界都陷入沉睡之中，却唯独只有你醒着，那该是怎样深刻的寂寞啊！越是这么想，失眠的人就越是难以入眠，因而导致失眠日渐加重，最终酿成恶果。实际上，如果我们能够发自内心地接受失眠的现状，不与失眠对抗，而是与其和谐共处，那么失眠的负面影响就会大大降低。例如失眠的时候不要强迫自己入睡，更不要以数绵羊的方式给自己形成压力，不如起床捧起一本书享受片刻的宁静，更加贴近自己的心灵。这样，失眠也许会在你的坦然之中渐渐减弱，甚至完全好转。

在总结自己的一生时，西方有位著名的哲学家说："在七十五年的岁月中，我享受宁静的日子加起来不超过四个星期。在一生之中，我就像是一块山上的岩石，时而被推到山顶，时而又被滚落下来。"从这位哲学家的话中我们不难看出，每个人都梦想着追求宁静的人生，也因此，寂寞成为不可多得的奢侈享受。并非每个人都那么幸运能够时常拥有寂寞，大多数人都是在匆忙熙攘中度过一生的。遗憾的是，现实生活中有很多人都害怕寂寞，甚至有人独自在家里待着的时候，还必须打开电视，以电视里发出的声音排遣寂寞。不得不说，这些人的内心太过空虚，时刻都要依靠外界的吵杂来填满自己的内心。而真正内心充实的人，不但经得起繁华，更能耐得住寂寞，他们就像是傲然绝立于天地间的精灵，自有自己的宇宙。

对于心灵而言，寂寞就像是一个避难所。尤其是奔波忙碌在现代社会的诸多灵魂，更需要寂寞的庇护。细心的女性朋友们会发现，自己的爱人每隔一段时间就喜欢独处，他们莫名其妙地忧伤或者安静，自己躲在一个角落里，不希望被人打扰。毋庸置疑，现代社会的男性朋友承担着巨大的压力，不但要养家糊口，成为家庭的支柱，还要努力在工作上表现出色，开拓自己的人生。因而，平日里沉默寡言的男性朋友迫于无法宣泄的压力，又不能像女性朋友一样唠唠叨叨、喋喋不休，就只能通过寂寞来消除压力，给自己喘息的时间和空间。每当这时，聪明的女性朋友请不要抱怨丈夫不理睬自己，故意疏远自己，而是应该安静地守候在一边，让男人像小兽一样给自己疗伤，调养生息。

寂寞也是一种不可多得的感受。喜欢享受寂寞的人，即使置身于人群之中也难以消除孤独的滋味，相反他们更喜欢独处，因为只有安静的世界才能让他们无限亲近自己的心灵。寂寞时，我们可以品茶读书，也可以提笔写文，还可以发发呆，看着窗外的朝阳和彩霞，还可以打扫卫生收拾衣柜，顺便也清理自己的思绪，整理自己的心情。一个人唯有懂得了寂寞的滋味，能够从容接受寂寞，发自内心地拥抱寂寞，才能更加从容地面对喧嚣热闹的日子，也不至于迷失了本心，遗忘了自己。

内心充实的人，不会被孤独打倒

一个人如果能够坦然独处，就说明他的内心是非常充实的。他可以坦然面对自己的内心，从不担心内心的空虚和寂寞让他无所适从，相反，在独处的时候他感受到安静的快乐，因而总是能够帮助自己走出空虚，找到充实的生活。

很多人天生害怕独处，长大成人之后，有些人依然害怕独处。他们总是喜欢往人多的场合去，似乎只有在人多的地方，他们的耳朵里充斥着各种吵杂的声音，眼睛里看到纷扰的人间俗世，他们才能感到安心。不得不说，这样的人很怕面对自己的心灵，也因为心灵的空虚，所以无法依靠心灵的充实度过独处的时间。

平日里在与他人相处时，我们总是面带微笑，那么与自己独处时，也不应该愁眉苦脸。一个人唯有独处时安然自在，与他人相处时才能内心恬然淡定。否则，倘若面对自己都心神不宁、语无伦次，与他人交往又怎能顺利呢！人生之中不如意十之八九，在任何情况下，我们都要充实自己的内心，才能让自己变得强大。否则，一旦我们内心世界轰然崩塌，我们又如何面对外在的世界呢！

在生活中，常常有些人被孤独打倒，不战而降。其实，孤独只是内心的一种心境而已。假如我们能够摆正心态，坦然面对人生的得失，也能够淡定从容地面对他人和外界，孤独就不会成为打败我们的武器，反而有利于我们面对自己的内心，反思自己的人生，升华自己的人生。

要想避免被孤独打败，我们就要充实自己的内心。对于那些生活空虚的人而言，尤其害怕孤独，其实他们主要是害怕无事可做，也担心时间没法打发。在这种情况下，最好的办法就是发展自己的兴趣爱好，让自己变得有事可做，而且时间也会变得宝贵。试想，当时间不够用的时候，你还会害怕独处吗？只怕会特意安排出来时间独处，面对自己的心灵呢！除此之外，还有人害怕孤独，是因为内心的空虚寂寞。现代社会提倡人们活到老学到老，不但是指要学习生活和工作的技能，也指的是应该不断充实自己的心灵。诸如经常阅读人类宝贵的精神财富——书籍，或者学习一些怡情养性的东西，诸如插花、绘画等，都能帮助我们排遣寂寞，缓解孤独。

孤独也是一种难得的清闲。每个人都行色匆匆，不是奔波在上下班的路上，就是奔波在约会、聚会的路上，即使偶尔休闲在家，也会盯着电脑、手机、电视等电子产品目不转睛。当你被这些电子产品绑架之时，你就无法享受孤独的乐趣，因为你的耳目视听都已经充满了这些噪音和纷乱的图像。朋友们，真正的孤独，是安静，是宁静，是享受，也是静心。从现在开始，让我们发现孤独的美吧，当你真正学会享受孤独，你的人生也会因此而变得与众不同。

懂得了寂寞，便能从容面对阳光

秋天给人以萧索和寂寞。的确，秋天意味着生命的绽放和丰硕的果实，但是也暗示着生命绚烂之后的陨落。尤其是在寒风瑟瑟的秋天，落叶踩在脚下发出簌簌的声音，头顶上依然有着黄叶飘落，虽然满眼看去都是绚烂的金黄，但是收获之后的欢喜却很快就被冬天的萧条遮盖了。秋是绚烂的，也是萧索的，是热闹的、轰轰烈烈的，也是寂寞和清凉的。等到秋天过去，等待我们的必然是冬天的万里冰封，白雪皑皑。到时候，只怕生命也会被隆冬冻住，再也无法尽情地舒展。

在一个人一生之中，一定曾经感受过寂寞。寂寞也许是下了夜班之后走在空无一人的街道上，也许是家中只剩下自己时无声的沉默，也许是在喧嚣的人群中却感到孤家寡人，更有可能是孩子长大成人离家之时心被掏空的感觉……无论寂寞以怎样的形象出现在我们的生活之中，它都带给我们无限的寂寥。然而，寂寞并不可怕，甚至带些可爱的意味。对于两地分居的夫妻来说，正是平日里独守空房的寂寞，才让他们有了小别胜新婚的喜悦；对于久别重逢的老友而言，正是因为有了平日里的思念，才有了重逢时的欢喜。寂寞也许是苦涩的，也许是甜蜜的，也许是宁静的享受，也许是内心的煎熬……

陶渊明“采菊东篱下，悠然见南山”的寂寞无疑是洒脱的；李清照“帘卷西风，人比黄花瘦”的寂寞是委婉的；李白“我歌月徘徊，我舞影凌乱”的寂寞是豪放的……这些寂寞都以不同的形式出现在人们的生命之中，带给人们截然不同的生命感受。对于寂寞，每个人都有自己的理解和感悟。唯有正确地解读寂寞，坦然地接受寂寞，我们的人生才能摆脱寂寞的束缚，驱散生命中的阴霾，迎来生命中的阳光灿烂。

寂寞往往隐藏在人心深处，梁实秋先生说“寂寞是一种清福”，因为他懂得享受寂寞，能够从寂寞的独处之中感受到生命的空灵。对于大多数普通人而言，随着社会上人情越来越淡漠，因而更多的人感受到寂寞的存在，甚至无以派遣。

通常，人们以为寂寞的人一定是孤独的，身边没有亲人朋友，也没有同学、同事。其实，寂寞与孤独并不必然相关。从本质上来说，孤独的人的确孤身一人，但是寂寞的人也许置身于众人之中，寂寞更多的是内心的状态和情绪上的感受。因而，要想排遣寂寞，仅仅置身于大众之中并不能起到立竿见影的效果，唯有从精神上与他人产生共鸣，唯有让自己的心灵更加充实，我们才能真正赶走寂寞。

“大漠孤烟直，长河落日圆”，为我们描绘和勾勒出苍凉的寂寞。然而，如果当时的情境下你的内心丰实而又充盈，便不会觉得寂寞。如果你把自己与大自然融为一体，也不会感到寂寞。总而言之，你应该学会与寂寞共处，当你把寂寞融入自己的内心时，你也就不会再觉得寂寞了。

人生之中，不经历风雨怎能见彩虹，不经历寂寞，怎么静下心来面对自己的内心！也许寂寞就像是一场潇潇秋雨，打湿了我们的心。但是那带来的不是寒冷，而且恰到好处的清凉。所以，就让我们接受寂寞的洗礼吧，相信寂寞之后，你的心会更加豁达从容，你也能够更坦然地面对人生的起起伏伏！

朋友是人一生的陪伴

人的一生之中，除了父母的陪伴，最重要的爱人、朋友都是在漫漫人生路中结识的。如果说父母与我们有血缘关系，因而与我们生死相依，无条件地做我们最坚强的后盾，那么爱人和朋友则是与我们毫无血缘关系的。但偏偏在很多情况下，他们都能够坚定不移地站在我们身边，为我们出谋划策，陪伴我们走过人生的风风雨雨。这样的生死与共、肝胆相照，是人生之大幸。所以古人才说，人生得一知己足矣。

在一生之中，我们时而高兴，时而悲伤，时而欣喜若狂，时而垂头丧气。

尤其是在长大成人离开父母之后，我们的很多欢喜忧愁未必都能与父母分享。在这种情况下，朋友就是我们最好的倾诉和分享的对象。当我们高兴的时候，把快乐与朋友分享，一份快乐就变成双倍的；当我们忧伤的时候，与朋友分享，一份忧伤就会减半。甚至在朋友的细心安抚下，我们还有可能破涕为笑，再也不为那些无关紧要的事情陷入无尽的烦恼之中。朋友是一生之中最好的陪伴，没有朋友的人生就像黑白的胶卷一样黯然失色。

有人说，看一个人的实力，看他的敌人，看一个人的底牌，看他的朋友。的确，物以类聚，人以群分，朋友往往是我们最好的折射，能够反映出我们在诸多方面的价值观和原则。假如失去朋友，我们就无法看到自己的缺点，因为朋友就像是我们的镜子一样。从提高自身的角度而言，我们也是需要朋友的。在朋友的榜样作用下，在朋友的鞭策和激励下，我们一定能够进步神速，变得更加接近于完美。

朋友还是我们最坚强的后盾。当你拥有一个死党的好朋友或者一个骨灰级闺蜜，你会发现不管在任何情况下对方都坚定不移地支持你，这种感觉太好了。虽然有的时候朋友能够提供的帮助和支持也是有限的，但是朋友的心意却是我们最大的财富，也是我们最有价值的资本。

需要注意的是，朋友也分很多种。现代社会提倡正能量，对于那些总是给你负能量的朋友，一定要远离之；还有些朋友心胸狭隘，看似力挺你，实际上背后却在挖你的墙角，这样的朋友也不可交；生活中还有些狐朋狗友，他们总是不知不觉间就把你带入歧途，当然也不能算作好朋友，理应对他们敬而远之……总而言之，朋友之间的交往也应该用心去判断和衡量，对于真正的朋友更应该万分珍惜，努力维持和经营这份友情。

正如周华健在歌里所唱的，朋友一生一起走，一旦失去朋友，这样畅意的日子就再也一去不复返了。朋友们，让我们珍惜身边的每一个朋友吧，尤其是那些一起哭过笑过的朋友，他们将会是你一生之中宝贵的财富，也是你获得人生幸福的源泉！

参考文献

[1]新家庭书架编委会.思路决定出路：一定要学会的60种思维方式[M].北京：北京出版社，2014.

[2]武庆新.想开了就是天堂——活在当下的十五堂人生宽心课[M].北京：北京工业大学出版社，2012.

[3]宿春礼，邢群麟.打好手中的坏牌[M].北京：华文出版社，2009.